中国规模化奶牛场关键生产性能现状

（2020版）

马志愤　路永强　董晓霞　主编

一牧云YIMUCloud

奶牛产业技术体系北京市创新团队

《中国乳业》杂志社

兰州大学草业系统分析与社会发展研究所

联合发布

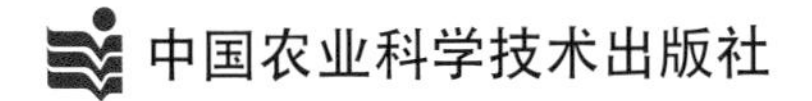

图书在版编目（CIP）数据

中国规模化奶牛场关键生产性能现状（2020版）/ 马志愤，路永强，董晓霞主编. —北京：中国农业科学技术出版社，2020. 9

ISBN 978-7-5116-4899-0

Ⅰ. ①中… Ⅱ. ①马… ②路… ③董… Ⅲ. ①乳牛场—生产管理—研究 Ⅳ. ①S823.9

中国版本图书馆 CIP 数据核字（2020）第 141663 号

·法律声明·

责任编辑 李冠桥
责任校对 贾海霞

出 版 者 中国农业科学技术出版社
北京市中关村南大街12号 邮编：100081
电　　话 （010）82109705（编辑室）（010）82109702（发行部）
（010）82109709（读者服务部）
传　　真 （010）82106625
网　　址 http: // www.castp.cn
经 销 者 各地新华书店
印 刷 者 北京地大天成文化发展有限公司
开　　本 710mm × 1 000mm 1/16
印　　张 6.5
字　　数 117千字
版　　次 2020年9月第1版 2020年9月第1次印刷
定　　价 98.00元

《中国规模化奶牛场关键生产性能现状（2020版）》

编委会

主编

马志愤　一牧科技（北京）有限公司　执行董事
　　　　兰州大学　草业系统分析与社会发展研究所

路永强　奶牛产业技术体系北京市创新团队　首席专家

董晓霞　《中国乳业》杂志社　社长

副主编

董　飞　一牧科技（北京）有限公司　副总经理

郭江鹏　奶牛产业技术体系北京市创新团队首席办　主任

祝文琪　《中国乳业》编辑部　主任

编写人员（按姓氏笔画排序）

于鸿宇　马志愤　马宝西　王　晶　王兴文　王礞礞　田　园　田　瑜
任　康　刘海涛　安添午　芦海强　李　冉　李　琦　李纯锦　杨宇泽
杨奉珠　何　杰　佟林娜　邹德武　汪　毅　汪春泉　张　超　张国宁
张建伟　张瑞梅　张赛赛　邵大富　罗清华　周奎良　赵志成　胡海萍
姜兴刚　祝文琪　胥　刚　聂长青　徐　伟　高　然　郭江鹏　郭勇庆
彭　华　董　飞　董晓霞　韩　萌　路永强　蔡　丽

序 言

奶牛是草地农业第二生产层中的“栋梁”，它利用饲草转化为人类所需动物蛋白食物的效率居各类草食动物之首，质高、量大，经济效益高。因此它带动了现代草地农业的发展。缺乏奶牛的现代化草地农业是不可想象的。

牛奶及奶制品以其全价营养，品味丰美以及供应普遍，为人类健康做出了不可替代的贡献。缺乏牛奶和奶制品的现代化社会也是不可想象的。

上面这两段话，我强调了奶牛和牛奶的重要性。但我说这些话的目的远不止于此。我想说的是奶牛通过对草地的高效利用，支撑了一个从远古农业到今天的现代化农业。牛奶通过它的高营养价值供应了人类从远古到今天现代化的食物类群。奶牛和牛奶将自然资源和社会发展综合为人类历史发展的“擎天巨柱”。

可惜我们“以粮为纲”的“耕地农业”，即费孝通称为的“五谷农业”，一叶障目，遮蔽了我们先祖的卓越智慧之光，将这颗生命的良种弃置不顾达数千年之久。20世纪80年代，我国牛奶的消费量仅与白酒相当，约700万t，说来令人羞愧，这是可怜的原始农业状态。改革开放以后，随着国人食物结构的自发调整，牛奶的需求量猛增，而产量因多种原因徘徊不前，曾给世界奶业市场造成巨大压力，甚至发生扰动。至今我国牛奶人均消费量仍只有日本和韩国的1/3，约为欧美人均消费量的1/5，今后随着人民生活水平的不断提高和城镇化持续发展，我国牛奶的消费量与产量之间的差距势必还将不断增大。

尽管近年来我国奶业工作者通过不懈努力取得了巨大进展和成果，但总体来看与欧美等奶业先进国家相比还有较大差距。

现状如何，差距何在？马志愤等同志组建的一牧科技团队多年来从现代草地农业的信息维出发，利用互联网、云计算、物联网、大数据和人工智能等新兴技术构建草地农业智库系统，通过该智力平台帮助牧场实现信息化升级，及时发现问题，提出优化建议，核心在于提升牧场可持续盈利能力和国际竞争力，为牧场的科学管理和发展做出了新贡献，将我国规模化牧场的数字化管理提高到世界水平。此书就是体现我国现代化牧场数字化管理的试水之作。此书的出版是我国数字科技推动奶业发展的过程和成果，对规模化牧场经营管理具有重要的参考意义。

这本书的出版不仅反映了牧场信息化科技成果的时代烙印，更重要的是让我们了解中国规模化牧场生产现状，通过全行业坚持不懈地努力，将有助于改善我国农业结构和保障我国食品安全，为我国人民健康水平的提高提供实实在在的帮助。

书成，邀我作序，我欣然命笔。

任继周于涵虚草舍

2020年仲秋

前　言

自古“民以食为天”，20世纪80年代以来，随着社会发展和城镇化，我国人民饮食结构发生了翻天覆地的变化，粮食这个“主食”在食物中的比例不断下降，奶类等动物性食品一路飙升，食物结构的转型与我们不期而遇，在未来15年，我国动物产品的人均消费还将保持较快增长。

奶业已是健康中国、强壮民族不可或缺的产业，是食品安全的代表性产业，是农业现代化的标志性产业和一二三产业协调发展的战略性产业。过去10年间，我国奶业规模化、标准化、机械化、组织化水平大幅提升，中国的奶牛规模化养殖取得了飞速发展，从千家万户散养迅速实现了规模化，规模化牧场比例大幅提升，据国家奶牛产业技术体系统计，2008年规模化比例仅为19.5%，2018年达62.0%。牧场生产管理水平也取得大幅提升，奶牛年均单产从4 000kg提升至2018年的7 400kg，各生产环节不断进入精细化管理的水平，各关键生产指标参考值也不断被刷新。

尽管我国奶业已经取得了巨大成绩，但奶牛场依然面临巨大挑战：生产成本高，生产效率相对较低，可持续盈利能力亟待提升，国际竞争力严重不足等。

为了进一步提升牧场生产管理水平和盈利能力，牧场经营者期望能够利用数据客观评估自己牧场的关键生产性能，并与国际和国内牧场进行“对标分析”和交流，以期帮助牧场持续改进和提升，随着行业发展和奶牛场集约化程度越来越高，经营者对牧场信息化建设越发重视，投入也在不断增加，同时在政府的支持和引导下，使牧场生产管理系统得到了广泛应用，数据逐渐在牧场实现精益管理、提高生产效率、提升可持续盈利能力等方面发挥重要作用。

一牧云（YIMUCloud）、奶牛产业技术体系北京市创新团队、《中国乳业》杂志社和兰州大学草业系统分析与社会发展研究所尝试基于一牧云（YIMUCloud）当前服务的分布在全国21个省的197个奶牛场，697 403头奶牛的实际生产数据进行筛选、分析、整理并出版《中国规模化奶牛场关键生产性能现状（2020版）》，因分析样本数量有限，数据的代表性还有待于进一步提高。随着一牧云服务牧场数量和覆盖牛群规模不断扩大，数据将逐步完善，代表性逐年增强，今后我们将每年发布一版《中国规模化奶牛场关键生产性能现状》供奶牛养殖者、奶业科研人员、行业主管部门及其他相关人士参考，谨望能以此为中国奶业健康、可持续发展贡献绵薄之力。

本书虽经反复推敲、修订，也难免疏漏，望读者及相关人士多提宝贵意见，今后将在新版本中不断改进和完善。

《中国规模化奶牛场关键生产性能现状》编委会

2020年8月

目　录

图表目录

概 要

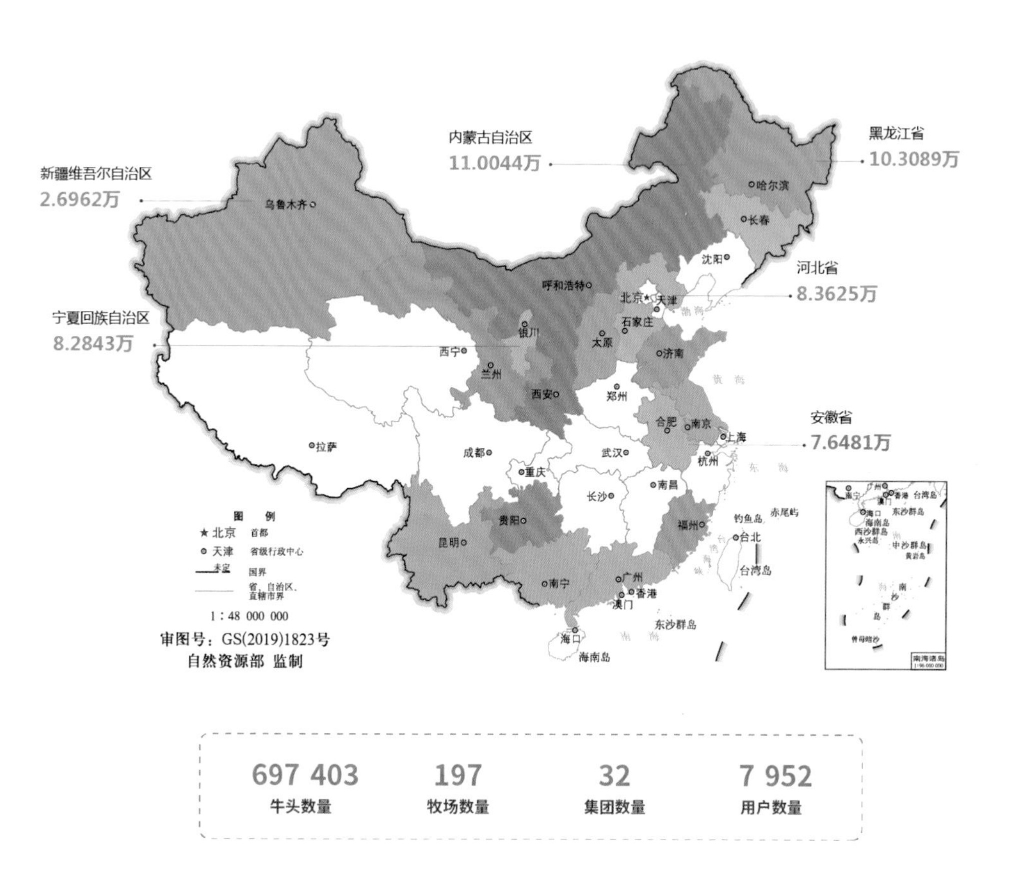

注：以上数据为一牧云所需覆盖样本数

纳入统计范围的牧场筛选标准如下：

1. 一牧云系统中累积数据超过一年

2. 繁育、健康、产量信息均有连续、完整录入

3. 最近6个月牛群结构稳定，牛群规模>200头，剔除完全为后备牛的牧场

4. 截至统计日期前7日，仍有数据录入的牧场

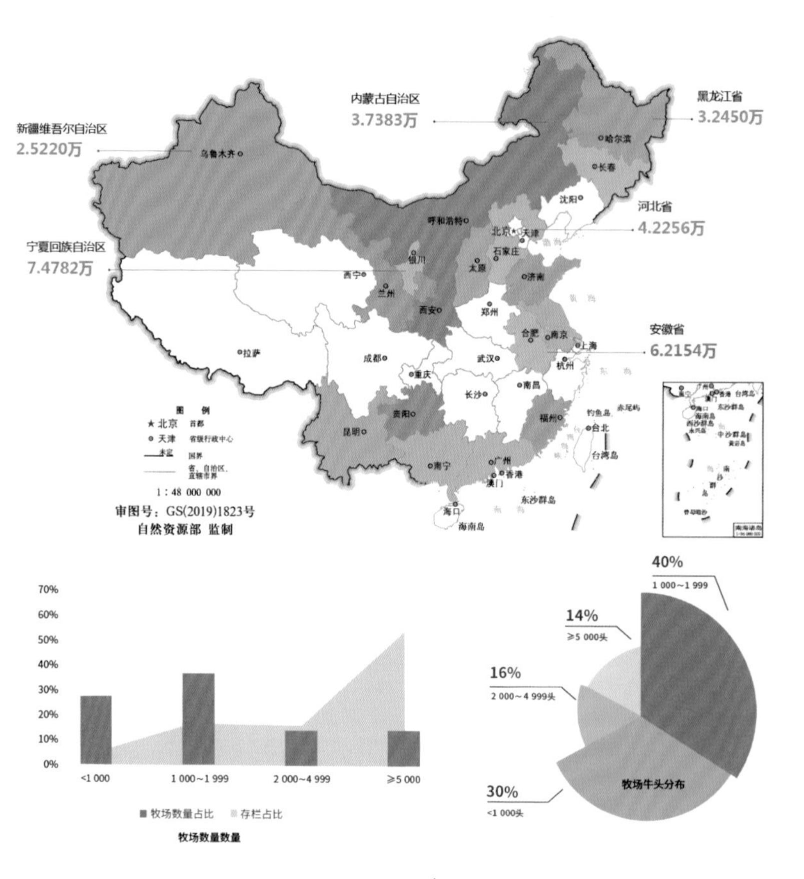

363 062	115	203 341	173 229
牛头数量	牧场数量	成母牛	泌乳牛

牛群概况Herd Inventory		最大值Max	中位数Median	最小值Min	平均值Average	四分位数范围(IQR)
全群牛头数 Total Animal	(头)	36 989	1 423	277	3 157	–
成母牛头数 Muture Cows	(头)	21 547	787	194	1 784	–
泌乳牛头数 Milking Cows	(头)	17 880	680	164	1 520	–
后备牛头数 Total Heifers	(头)	15 442	601	1	1 368	–
成母牛比例 Mature Cows	(%)	100	56	36	58	53 ~ 61
成母牛泌乳牛比例Milking Cows	(%)	100	86	47	85	83 ~ 89
成母牛怀孕牛比例 Pregnant Cows	(%)	72	51	30	51	46 ~ 57
平均泌乳天数(泌乳牛)Avg DIM Milking Cow	(d)	225	182	143	181	169 ~ 192
平均泌乳天数(成母牛)Avg DIM Muture Cow	(d)	244	202	165	202	190 ~ 215

关键生产指标

泌乳牛平均单日产量

30kg

平均21d怀孕率

18.8%

泌乳牛平均泌乳天数

181d

平均成母牛死淘率

31%

繁育关键指标

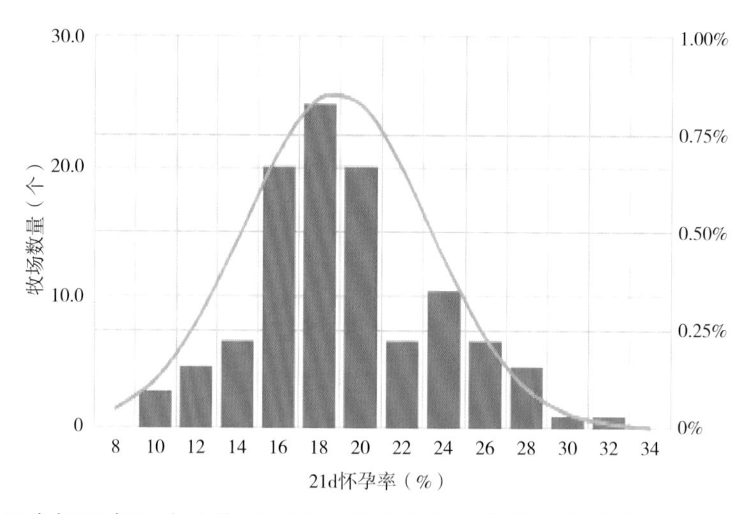

成母牛怀孕率平均值为18.8%，平台中全国各牧场平均水平与2018年相比同比提高了0.3%（2018年成母牛怀孕率为18.5%，2017年为16%），最高的牧场为33%，最低的牧场为10%

繁殖表现指示

21d怀孕率的提高得益于更多的牧场开始理解及更好地应用同期方案，利用发情检测设备辅助与传统发情观察相结合。

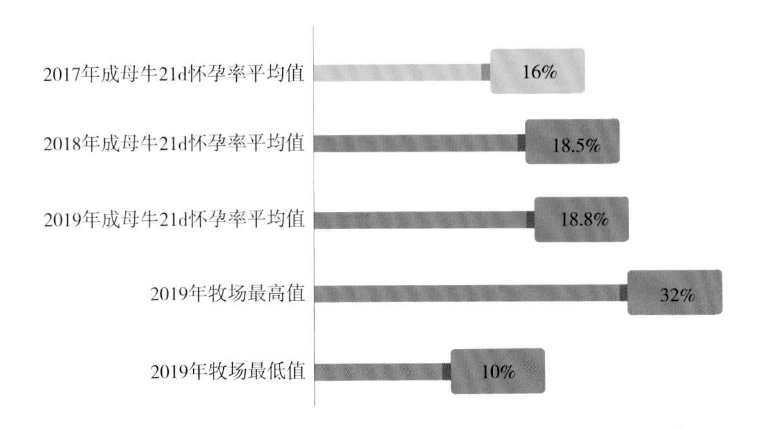

21d怀孕率最高的5个牧场

宁夏、内蒙古及黑龙江位于半干旱区及半湿润区的气候更适于奶牛养殖。

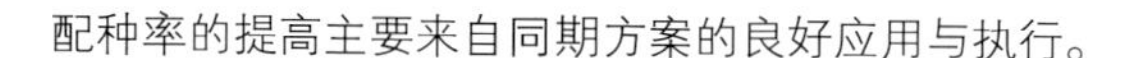
配种率的提高主要来自同期方案的良好应用与执行。

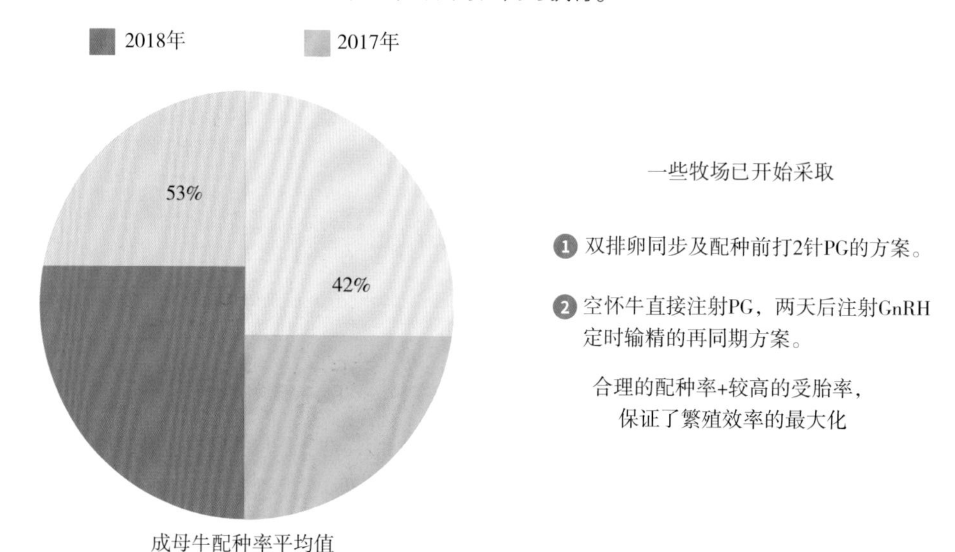

成母牛配种率平均值

注：超过29%的牧场已超过我们推荐的标准（≥60%）

其他繁育关键指标

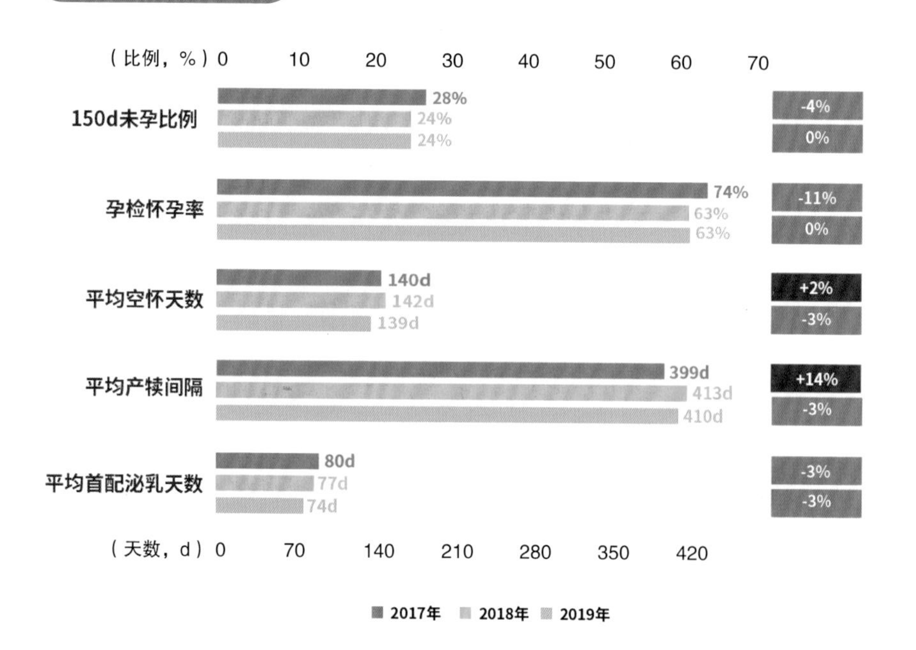

后备牛繁殖关键指标

后备牛群为高繁殖力群体，投入较少的精力可获得较大成绩，提高后备牛管理水平是降低牧场运营投资成本的有效手段。

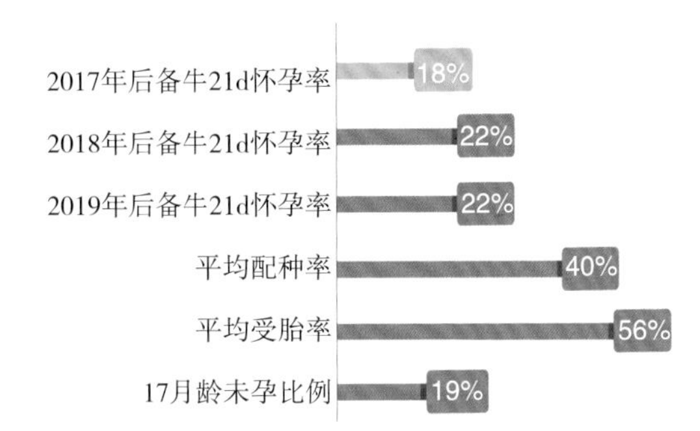

成母牛繁殖指标Cow Reproduction Index		最大值Max	中位数Median	最小值Min	平均值Average	四分位数范围(IQR)
21d怀孕率 21 day PR	(%)	28	18	10	18.8	16~21
21d配种率 21 day HDR	(%)	68	52	19	49.5	43~59
受胎率 CR	(%)	52	38	24	39.2	34.7~43
1胎牛受胎率 CR for Lact=1	(%)	57	39	24	40.1	24~57
2胎牛受胎率 CR for Lact=2	(%)	53	38	24	37.5	33~41.2
≥3胎受胎率 CR for Lact≥3	(%)	56	37	22	35.9	31~42
第1次配种受胎率 CR for TBRD=1	(%)	60	40.5	23	41.3	35.7~46
第2次配种受胎率CR for TBRD=2	(%)	52	39.5	26	38.4	33~44
≥3次配种受胎率 CR for TBRD≥3	(%)	50	34	20	34.1	29.7~39
150d未孕比例 OPEN≥150 DIM	(%)	44	23	12	24.4	20~30
平均首配泌乳天数 Avg DIMFB	(d)	82	66	56	74.3	63~73
平均空怀天数 Avg DOPN	(d)	198	137	89	139.4	123~154
平均产犊间隔 Avg Calving Interval	(d)	466	405	353	410.1	393~429
孕检怀孕率 Preg@Preg Check	(%)	88	62	45	63.4	56~69

后备牛繁殖指标Heifer Reproduction		最大值Max	中位数Median	最小值Min	平均值Average	四分位数范围(IQR)
21d怀孕率 21 day Preg Risk	(%)	42	20	4	21.7	15.5~27
21d配种率 21 day HDR	(%)	79	38	5	39	26~54
受胎率 CR	(%)	76	56	37	56.2	51~62
平均首配日龄 Avg AIDFB	(d)	522	432	375	436	410~457
平均受孕日龄 Avg Days Conceive	(d)	633	459	373	471	439~504
17月龄未孕占比 OPEN≥17 Month	(%)	46	14	0	18.6	6.5~24.5

健康指标Cow Health Index		最大值Max	中位数Median	最小值Min	平均值Average	四分位数范围(IQR)
成母牛年死淘率 Yearly Cull Rate	(%)	63.2	30.8	1	30.5	19.4~39.7
成母牛年死亡率 Yearly Death Rate	(%)	14.9	5.4	0.1	7.2	3.3~8.7
成母牛年淘汰率 Yearly Sold Rate	(%)	55.9	25.3	0.8	23.4	13.6~31
产后60d 死淘率 DIM≤60 Cull Rate	(%)	16.7	7.9	0.3	7.9	5.3~10.8
产后60d 死亡率 DIM≤60 Death Rate	(%)	7	2.2	0	2.7	1.3~3.7
产后60d 淘汰率 DIM≤60 Sold Rate	(%)	11.6	4.8	0	5.2	3.2~6.5
年泌乳牛乳房炎发病率 Yearly Mastitis Rate Milking Cow	(%)	58.6	15.9	1.7	19.7	7.6~29.7
年成母牛乳房炎发病率 Yearly Mastitis Rate Muture Cow	(%)	51.9	14	1.3	17.5	6.9~26.2
真胃移胃发病率 DA Incidence	(%)	5.7	1.2	0.1	1.6	0.5~2.6
产后瘫痪发病率MF Incidence	(%)	3.3	1.1	0.1	1.4	0.4~1.6
胎衣不下发病率 RP Incidence	(%)	11.5	3	0.1	3.9	1.1~5.5
酮病发病率 Ketosis Incidence	(%)	4.9	0.9	0.2	1.9	0.6~2.4
子宫炎发病率 Metritis Incidence	(%)	13.7	2.7	0.1	4.9	1~6.7
流产率 Abortion Risk	(%)	48	16.5	1.7	20.1	9.8~26.3

成母牛健康关键指标

死淘牛只按产后天数进行分析，产后30d死淘占总死淘比例23%（9205/40498），产后60d死淘占总死淘比例32%（12821/40498），死淘数据的统计结论反映出了产后牛群管理的重要性。

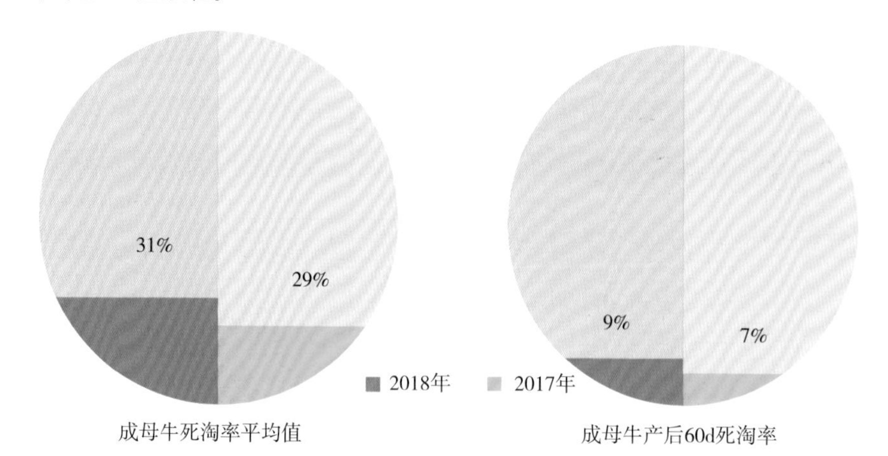

成母牛死淘率平均值　　成母牛产后60d死淘率

注：淘汰占比最高的原因为乳房炎，产后发病较高的主要原因为胎衣不下及子宫炎

犊牛指标Calves Index		最大值Max	中位数Median	最小值Min	平均值Average	四分位数范围(IQR)
60日龄死淘率 DIM≤60 Days Cull Rate	(%)	41.5	8.2	0.2	15.2	4.55~19.7
60日龄死亡率 DIM≤60 Days Death Rate	(%)	15.8	5.3	0	7.1	2.6~8
60日龄淘汰率 DIM≤60 Days Sold Rate	(%)	13.6	0.8	0	8	0~7.8
死胎率 Stillbirth Risk	(%)	32	12	3	14.8	7.5~19
头胎牛死胎率 Stillbirth Risk for Lact=1	(%)	41	14	2	17.4	9.0~22
经产牛死胎率 Stillbirth Risk for Lact≥2	(%)	29	10	0	13.6	7.0~16
60日龄肺炎发病率 PNEU Risk for ≤60 AID	(%)	8.2	2	0.1	5.5	0.6~4.1
60日龄腹泻发病率 Diarrhea Risk for ≤60 AID	(%)	34.8	11.6	0.1	14.9	5.1~17.7

产奶指标MILK Index		最大值Max	中位数Median	最小值Min	平均值Average	四分位数范围(IQR)
成母牛平均单产 Avg Milk/d/Muture Cow	(kg)	36.1	25.1	17.6	25.4	23~28.4
泌乳牛平均单产 Avg Milk/d/Milking Cow	(kg)	39.8	30	22.1	30	27.2~32.4
头胎牛平均单产 Avg Milk/d/Milking Cow Lact=1	(kg)	36.9	28	21.6	28.4	26~31.1
经产牛平均单产 Avg Milk/d/Milking Cow Lact≥2	(kg)	42.1	30.5	21.8	30.7	27.4~33.9
高峰泌乳天数 Peak DIM	(d)	140	63	28	69	49~84
头胎牛高峰泌乳天数Peak DIM for Lact=1	(d)	196	91	35	119	70-126
经产牛高峰泌乳天数 Peak DIM for Lact>1	(d)	91	56	21	61	49~70
高峰奶量 Peak Milk	(kg)	52.1	39.4	28	40.4	36.6~43.8
头胎牛高峰奶量 Peak Milk for Lact=1	(kg)	48.5	38	27.1	37.9	34.9~40.4
经产牛高峰奶量 Peak Milk for Lact≥2	(kg)	54.6	44.1	32.4	43.6	39.2~48.1

第一章 绪 论

食物为我国历代政府和人民所重视，早在2 000多年以前，中国就有“民以食为天”的理论认知（任继周等，2005，2007）。自20世纪80年代以来，随着社会的发展，尤其是城镇化，我国人均粮食消耗量与畜产品消耗量发生了历史性的转折，食物结构发生了时代转型，粮食这个“主食”在食物中的比例不断下降（任继周，2013，2017），我国人均口粮从1986年的207.1kg降到2015年的116kg，降幅为43.9%。奶类等动物性食品的人均消费量持续增长（黄季焜等，2012）（图1.1）。预计在未来15年，我国动物性食品的人均消费将保持较快增长，然后还将进入一段相当长的人均动物性食品消费的缓慢增长时期（黄季焜等，2012；任继周，2013）。

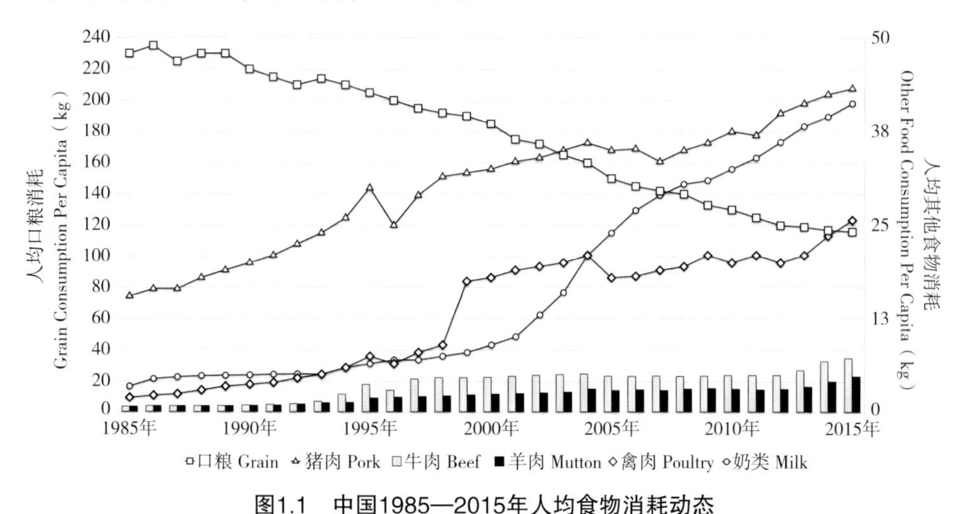

图1.1 中国1985—2015年人均食物消耗动态

Fig. 1.1 The trend of food consumption per capita from 1985 to 2015 in China

我国人均粮食消耗量与畜产品消耗量发生了历史性的转折，食物结构发生了时代转型，为适应我国人民饮食结构的变化，农业结构需随之相应调整和转型。任继周院士相对于传统“耕地农业”提出的“草地农业”是“兼顾生态和生产、粮食和饲料，适应时代发展，迎接城乡统筹，面向全球经济一体化的新型农业系统；也是我国破解发展难题、优化农业结构的一个伟大转变”。奶牛生产作为“草地农业”4个生产层之动物生产层的重要组成部分，已是健康中国、强壮民族不可或缺的产业，是农业现代化的标志性产业。近年来，我国奶业规模化、标准化、机械化、组织化水平大幅提升，但相比国际奶业发达国家依然是生产效率相对较低，生产成本高，国际竞争力不足，奶牛生产在整个“草地农业”发展起到“承上启下”的关键作用，既促进植物生产层发展也直接影响后生物生产层能否可持续发展。

近年来，随着互联网、物联网、云计算、大数据和人工智能等新兴技术的迅猛发展，信息维在提升农业生产效率，辅助农业结构转型和优化方面的优势与贡献日益凸显，党中央、国务院已发布了一系列政策文件以支持我国农业结构转型优化和发展智慧农业。

奶业作为草地农业4个生产层之动物生产层和后生物生产层的重要组成部分，同时衔接植物生产层和前植物生产层，是一二三产业协调发展的战略性产业，奶业在整个草地农业发展中作为“火车头”起到了关键的带动作用，对我国农业结构转型和优化具有重大意义。过去10年间，我国奶业规模化、标准化、机械化、组织化水平大幅提升，中国的奶牛规模化养殖取得了飞速发展，从千家万户散养迅速实现了规模化，规模化牧场比例大幅提升，据国家奶牛产业技术体系统计，2008年规模化比例仅为19.5%，2018年达62.0%（刘一明，2019）。牧场生产管理水平也取得大幅提升，奶牛年均单产从2008年的4 000kg提升至2018年的7 400kg，尽管我国奶业已经取得了巨大成绩，但奶牛场依然面临巨大挑战：生产成本高，可持续盈利能力亟待提升，国际竞争力严重不足等（马有祥，2018）。

2018年6月3日，国务院办公厅印发《国务院办公厅关于推进奶业振兴保障乳品质量安全的意见》（以下简称《意见》），《意见》中指出：“加快构建现代奶业产业体系、生产体系、经营体系和质量安全体系，不断提高奶业发展质量效益和竞争力，大力推进奶业现代化，做大做强民族奶业，推进奶业振兴，保障乳品质量安全，提振广大群众对国产乳制品信心，进一步提升奶业竞争力。”随着牧场规模化和集约化程度越来越高，传统依赖生产管理人员经验的养殖模式已无法满足生产需要，牧场迫切需要提升信息化建设水平，将牧场的生产规程通过信息化手段进行流程化和数据化，并通过大数据技术指导和优化生产，从而不断提升生产管理水平和效率，逐步降低对生产人员经验的依赖性，降本增效，持续提升牧场盈利能力和国际竞争力。

奶牛场作为奶业生态圈的核心直接影响奶业的健康可持续发展，如何更加高效地利用有限的资源，提升牧场可持续盈利能力和竞争力，是摆在牧场投资方和运营管理者面前永恒的话题。随着奶业行业快速发展和奶牛场集约化程度越来越高，经营者对牧场信息化建设越发重视，投入也在不断增加。同时在政府的支持和引导下，使得牧场信息化建设得到快速发展并取得重要进展，数据和信息逐渐在牧场实现精益管理，提高生产效率、可持续盈利能力等方面发挥越来越重要的作用。

纵观奶牛场信息化发展的过程，可以将其归纳为如下5个阶段。

第一阶段，电子化。

主要特征：将原来存在生产人员大脑的信息和纸质记录转变为电子版的文档（例如，在Excel等里面进行记录和操作）。

第二阶段，软件化。

主要特征：开始使用专门为牧场开发的单机版管理软件，主要是生产数据记录和查询，生成打印纸质工作单（派工单）和简单的统计报表。由于牧场使用不同的独立软件，形成很多“信息孤岛”，数据无法协同和叠加进行专业分析，无法发挥数据真正的价值。

第三阶段，系统化。

主要特征：开始使用基于云计算架构的更加专业和高效的牧场生产管理系统，系统可以将牧场使用的不同设备和软硬件进行连接，利用系统帮助牧场将生产流程建立起来，基于牧场整体进行专业的数据分析和预测，对系统的数据分析能力要求越来越高，并与牧场周边顾问和技术服务进行高效对接，帮助牧场不断提升管理水平和运营效率。

第四阶段，智能化。

智能是“Intelligent”，“智”是大脑，是牧场运行的智能基础；“能”是“手脚”，是通过“智”对牧场赋能；智能的发展水平在一定阶段内是可衡量的，是人的因素高度参与的不断迭代的过程；智能牧场是实现终极智慧化前的必经过程。

主要特征：基于云计算、物联网、大数据和人工智能等新兴技术出现平台化产品并形成标准，“牧场的智慧大脑”更加强大，物联网等自动化设备在牧场应用更加广泛，并与“牧场大脑”进行有机结合，大部分数据实现自动采集，数据不断进行汇集和积累，形成牧场的“大数据”，数据的价值日益凸显，牛、人和牧场及围绕牧场提供产品和服务的机构进行更加广泛的连接，牧场运行更加智能和高效，数据将真正发挥在牧场精细化管理上，提升效率、生产力与盈利能力方面的优势（图1.2）。

第五阶段，智慧化。

智慧是“Smart”，智慧牧场是牧场发展的终极目标。

主要特征：以信息和知识为核心要素，通过将互联网、物联网、大数据、云计算、人工智能等现代信息技术与牧场深度融合，实现牧场信息感知、定量决策、智能控制、精准投入、个性化服务的全新牧场生产方式，是牧场信息化发展的高级阶段。智慧牧场的理想状态具备高度的自主学习和进化能力，多数情况下不需要人为干预。

图1.2　“牧场的智慧大脑”示意

Fig. 1.2　Diagram of “Smart Brain of the Farm”

我国大部分奶牛场信息化仍处于第二阶段，但越来越多的牧场管理者和生产者认识到信息化和数据在牧场生产管理中的重要作用和意义，对专业数据分析的要求和需求越来越高，一部分生产管理水平和信息化重视程度较高的牧场已进入到第三阶段并开始向第四阶段发展，同时也对牧场生产管理系统要求越来越高，牧场经营者期望能够利用数据客观评估自己牧场的关键生产性能，并与国际和国内牧场进行“对标分析”和交流，以期帮助牧场持续进行改进和提升，因此我们通过对一牧云（YIMUCloud）当前服务的分布在全国21个省区市197个牧场，697 403头奶牛的生产数据筛选、分析、整理并发布《中国规模化奶牛场关键生产性能现状（2020版）》，谨望能够不断完善并逐渐建立起奶牛场生产性能评估标准和对标依据，为中国奶业可持续发展贡献绵薄之力。

第二章 数据来源与牛群概况

本书数据来源于一牧云（YIMUCloud）“牧场生产管理与服务支撑系统”，截至2019年8月15日（后文中提到“当前结果”，均代表截至该日的数据）对一牧云（YIMUCloud）当前服务的分布在全国21个省（区市）197个牧场，697 403头奶牛的生产数据（图2.1）进行筛选和分析。

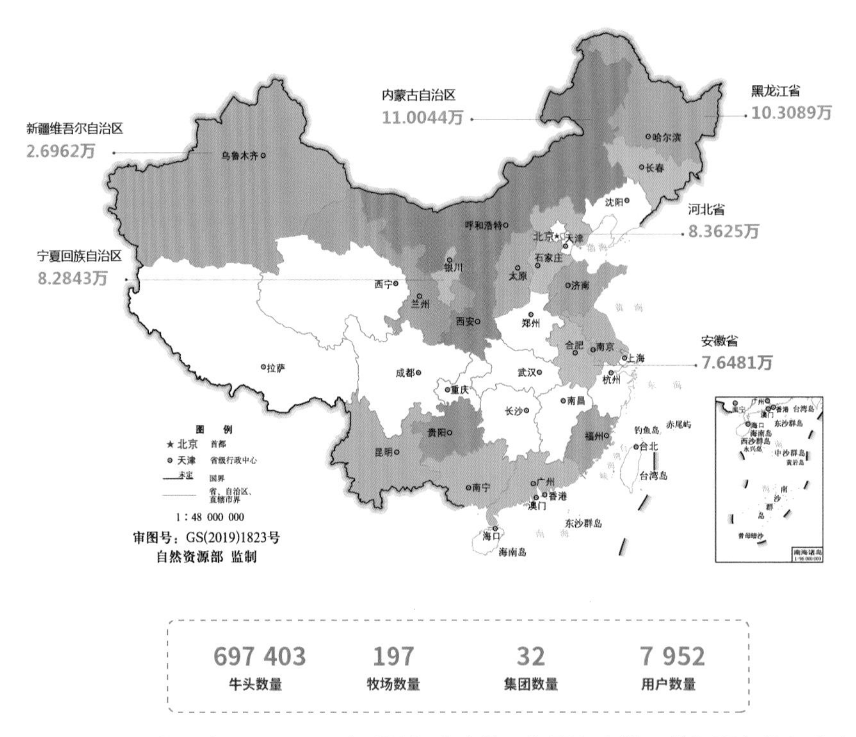

图2.1 一牧云（YIMUCloud）“牧场生产管理与服务支撑系统”服务牧场分布

Fig. 2.1 Distribution of farms on YIMUCloud farm management and support system

对所有牛群数据按照如下标准进行筛选：

1. 一牧云系统中累积数据超过一年

2. 繁育信息有连续、完整录入

3. 最近6个月牛群结构稳定，牛群规模>200头，剔除完全为后备牛的牧场

4.截至统计日期前7日，仍有数据录入的牧场

最终筛选出共包含牧场115个，合计在群牛363 062头，成母牛203 341头，泌乳牛173 229头，后备牛157 351头（图2.2）。

图2.2 筛选后分析样本数量及存栏分布

Fig. 2.2 Analysis samples after screening and herds distribution

统计牛群的胎次分布情况进行统计分析如下（图2.3）。

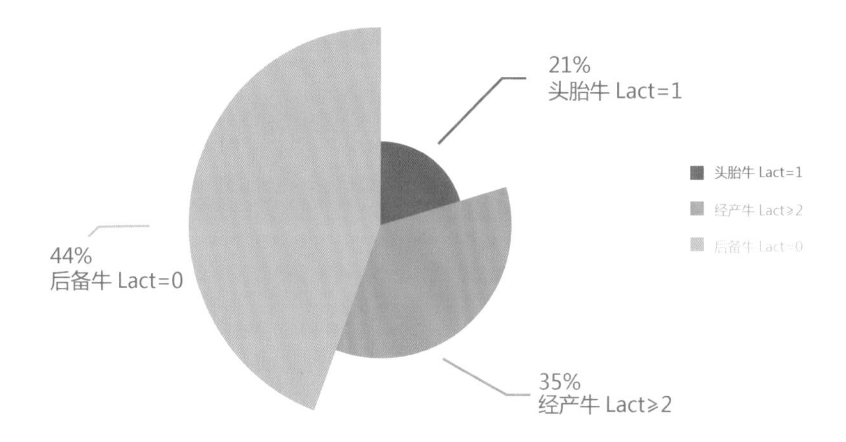

图2.3　统计牛群胎次分布情况（n=363 062）
Fig. 2.3　Distribution of herds lactation（n=363 062）

第一节　群体规模概况

根据以上条件，我们筛选出的牧场在各省（区、市）分布情况如下表所示（表2.1），其中用户牧场数量最多的3个省（自治区）为宁夏回族自治区（全书简称宁夏）、黑龙江省及新疆维吾尔自治区（全书简称新疆），牛群数量分布最多的3个省（自治区）分别为宁夏、安徽及河北。

表2.1　各省（区、市）一牧云用户牧场样本数量及存栏量分布情况
Tab. 2.1　Sample quantity and herds distribution of YIMUCloud users in each province

区域	牧场数量（个）	全群牛头数（头）	成母牛头数（头）	泌乳牛头数（头）	后备牛头数（头）
宁夏回族自治区	34	74 782	41 676	37 084	32 419
黑龙江省	20	32 450	17 305	14 472	14 272
新疆维吾尔自治区	15	25 220	14 128	10 967	11 024
广东省	7	5 065	3 063	2 526	1 983

（续表）

区域	牧场数量（个）	全群牛头数（头）	成母牛头数（头）	泌乳牛头数（头）	后备牛头数（头）
内蒙古自治区	7	37 383	20 996	18 370	16 225
北京市	5	5 251	2 671	2 309	2 580
山东省	5	33 977	19 357	16 179	14 560
河北省	4	42 256	22 838	20 207	19 392
陕西省	4	19 669	11 001	9 311	8 631
安徽省	3	62 154	36 061	29 355	26 093
甘肃省	3	5 070	2 953	2 711	2 098
广西壮族自治区	2	2 649	1 178	1 034	1 471
贵州省	2	6 147	3 944	3 360	1 816
山西省	1	1 009	573	501	404
四川省	1	6 637	3 679	3 202	2 958
天津市	1	2 535	1 288	1 092	1 247
云南省	1	808	630	549	178
总计	115	363 062	203 341	173 229	157 351

统计牧场中，规模最大的单体牧场全群存栏为36 989头（其中成母牛21 547头），规模最小的全群存栏为277头（其中成母牛235头），不同存栏规模牧场数量分布情况如表2.2所示。结果可见，群体规模<1 000头牧场占比30%，1 000～1 999头规模牧场占比40%，2 000～4 999头规模牧场占比16%，5 000头以上规模牧场占比14%。而从存栏数量上来看，<1 000头规模牧场的总存栏占比仅为6%，1 000～1 999头规模牧场的总存栏占比18%，2 000～4 999头规模牧场的总存栏占比17%，≥5 000头规模牧场的总存栏占比59%。≥5 000头规模牧场的总存栏占据了一牧云平台中管理牛只总存栏量的50%以上（图2.4）。

表2.2　不同规模一牧云用户牧场样本数量及存栏分布情况

Tab. 2.2　Sample number and herds distribution by different scale one YIMUCloud

全群规模	牧场数量（个）	牧场数量占比（%）	总牛群存栏（头）	存栏占比（%）
<1 000	35	30	22 275	6
1 000～1 999	46	40	65 015	18
2 000～4 900	18	16	63 299	17
≥5 000	16	14	212 473	59
总计	115	100	363 062	100

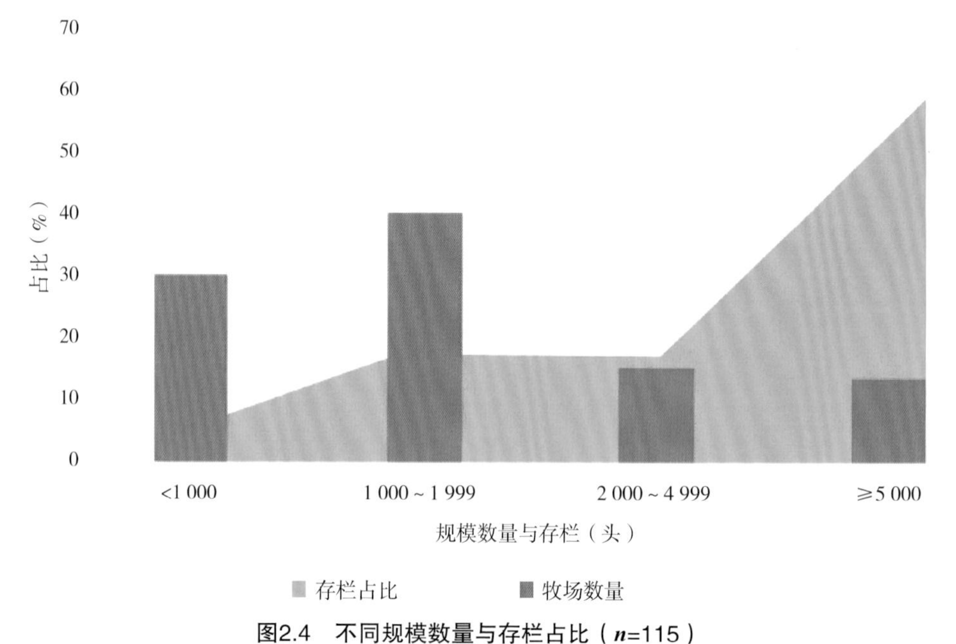

图2.4　不同规模数量与存栏占比（n=115）

Fig. 2.4　Number of different scales farms and herds proportion（n=115）

第二节　成母牛怀孕牛比例

根据经典的泌乳曲线（图2.5）我们可以知道，对于一个持续稳定运营的奶牛场，其成母牛在一个泌乳期中至少超过一半的时间应当处于怀孕状态，如此才能具备较好的盈利能力。

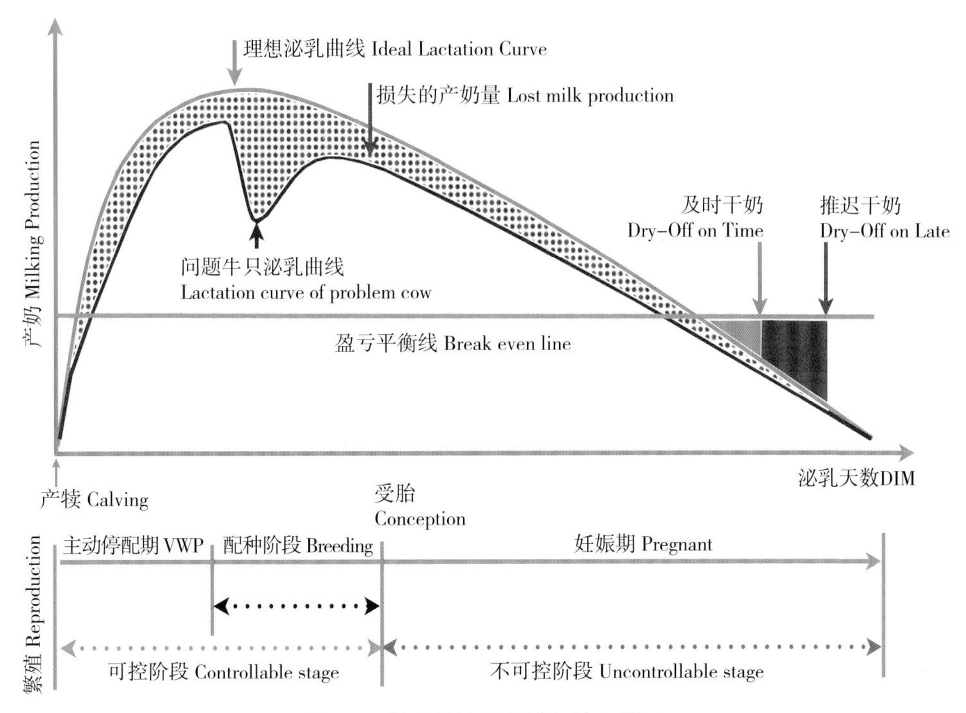

图2.5　典型的泌乳曲线与牧场繁殖

Fig. 2.5　Typical lactation curve with reproduction

由于奶牛的繁殖状态是一个动态变化的过程，我们统计了系统中授权的共67个牧场牛群在2018年8月至2019年8月每月月末采集到的成母牛怀孕牛比例，所有牧场在统计时间段内怀孕牛比例分布情况如图2.6所示。根据箱线图统计结果，可见平均成母牛怀孕比例为51%，变化范围30%～72%，四分位数范围46%～57%（IQR，50%最集中牧场的分布范围），对于≤30%的9个异常值结果进行查询，可见其为5个牧场上一年度的数据，其中3个牧场是由于去年繁育管理较差造成，在2019年度均已经提升至45%以上，1个牧场是由于2018年初刚刚投产，前期无可怀孕牛，剩余1个牧场为常年较低的繁殖率（当前年度21d怀孕率为13%），怀孕牛比例始终在30%～40%波动。

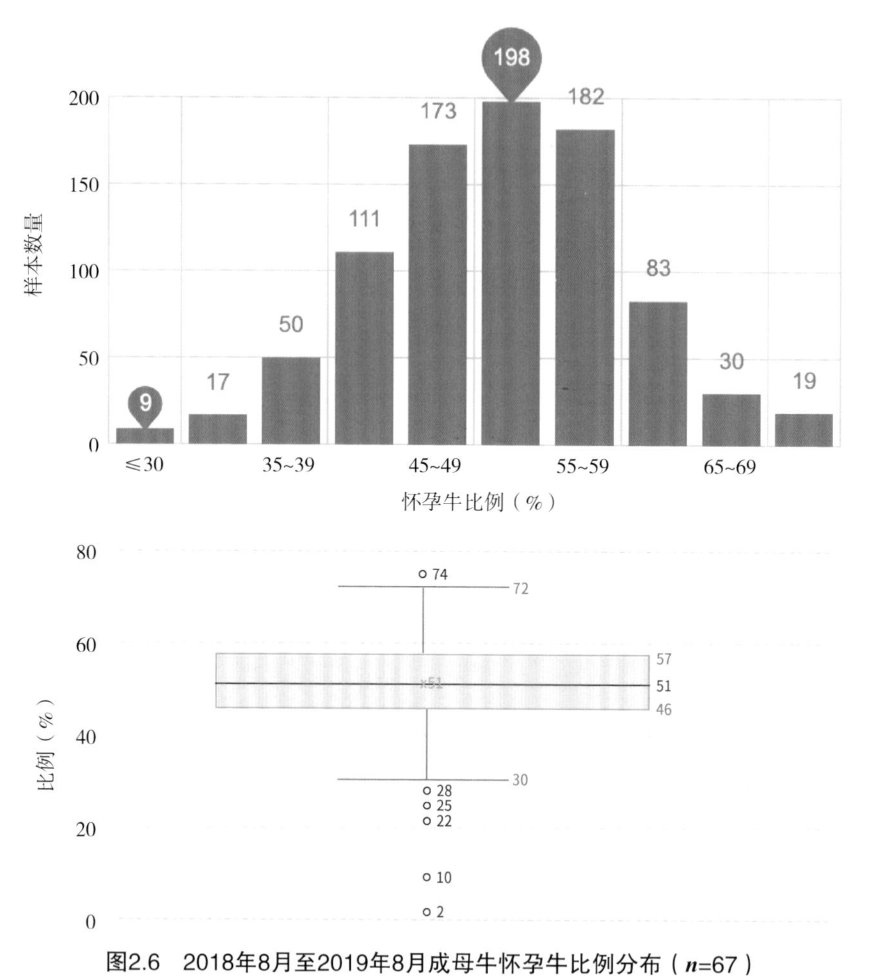

图2.6　2018年8月至2019年8月成母牛怀孕牛比例分布（*n*=67）

Fig. 2.6　Proportion distribution of pregnant cows from August 2018 to August 2019（*n*=67）

对67个牧场的年均成母牛怀孕比例与21d怀孕率进行相关分析，计算得到两组数据（Pearson）相关系数为0.749，统计学检验两组样本数据见相关系数达极显著（P<0.000 1），反映出21d怀孕率越高的牧场，其全群年均成母牛怀孕牛比例相对越高，结果散点图如图2.7所示。

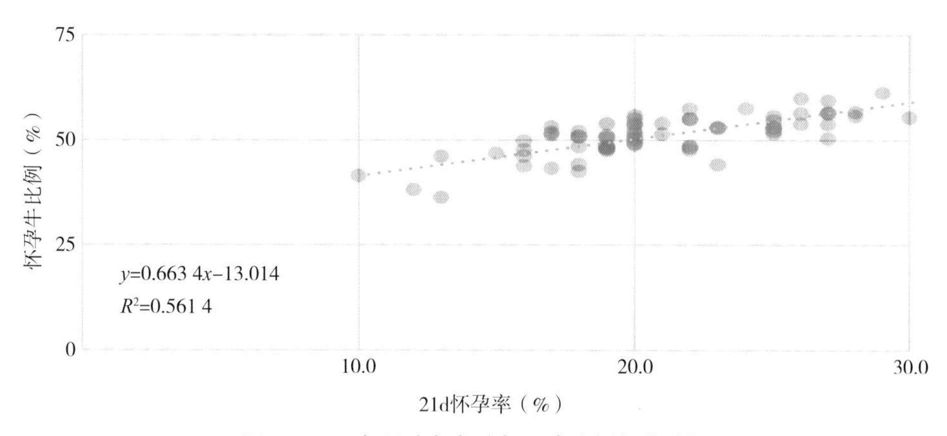

图2.7　21d怀孕率与年均怀孕牛比例相关分析

Fig. 2.7　Correlation analysis between 21-day pregnancy risk and annual pregnancy risk

对各牧场每月成母牛怀孕牛比例统计绘图，全年波动箱线如图2.8所示，不同的颜色代表不同的牧场，各牧场由于全年繁育计划及繁殖方案不同，变化的范围也有差异。对于全年各月怀孕牛比例最低值超过总体比例下四分位数的牧场（>46%）也单独做了展示（图2.9）。

这13个牧场全年波动幅度不同，对各牧场进行查询，如图2.10所示，我们展示了13个牧场中波动幅度最大的4号牧场及波动幅度最小的9号牧场过去一年每月的产犊情况。结果显示出全年怀孕牛比例波动幅度越小的牧场，其全年各月产犊头数及各月怀孕头数波动范围也相对越小，而波动幅度较大的牧场，其牛群更多的在全年某段时间存在集中配种与集中产犊的情况。

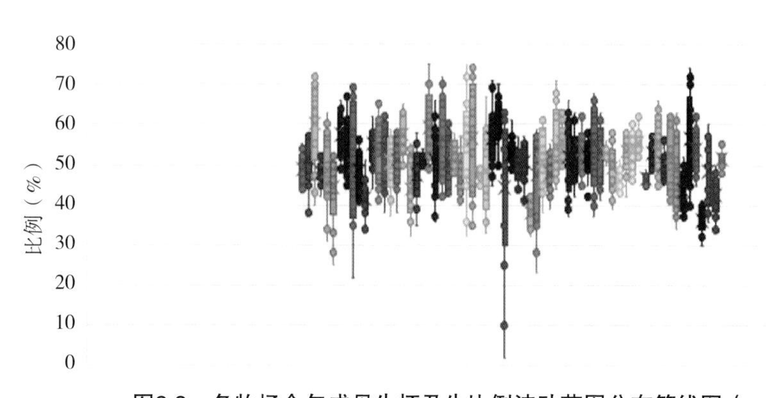

图2.8　各牧场全年成母牛怀孕牛比例波动范围分布箱线图（n=115）

Fig. 2.8　Distribution box plot of proportion fluctuation range of pregnant cows in all farms（n=115）

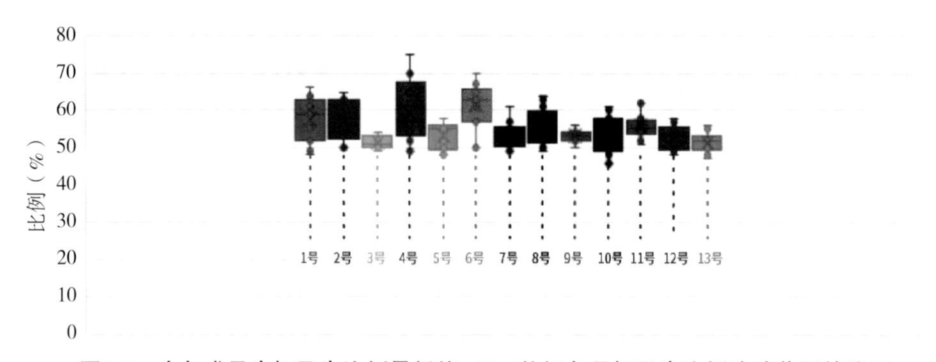

图2.9　全年成母牛怀孕牛比例最低值>46%牧场各月怀孕牛比例波动范围箱线图

Fig. 2.9　Box line chart of the fluctuation range of the proportion of pregnant cows in every month in farms with the lowest value of the proportion of pregnant cows >46% in the whole year

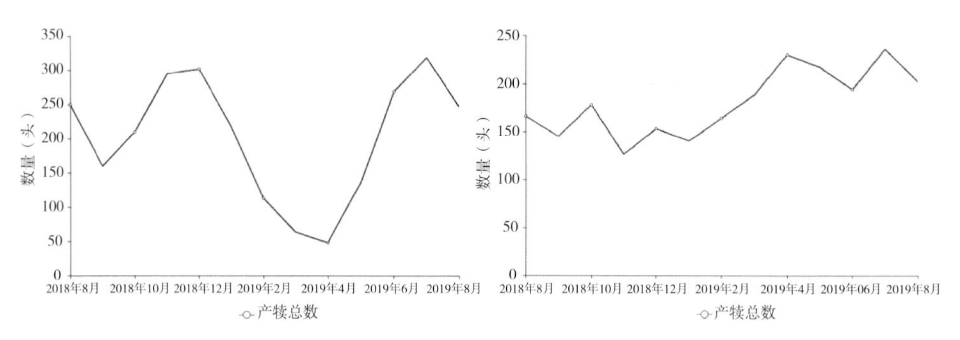

图2.10　4号牧场（左）及9号牧场（右）过去一年每月产犊情况统计

Fig. 2.10　Monthly calving statistics of farm 4 and farm 9 in the past year

第三节　平均泌乳天数（泌乳牛）

对平均泌乳天数指标的统计，下文对泌乳牛和成母牛分别进行说明。泌乳牛平均泌乳天数，表示全群泌乳牛泌乳天数的平均值，相对静态条件下（牧场生产、繁殖、死淘等工作相对稳定），泌乳牛的平均泌乳天数，与泌乳牛群的产量有明显相关关系。刘仲奎研究表明，一个成熟的规模化牧场，一年365d正常的平均泌乳天数为175～185d；维持盈利的最低平均泌乳天数的底线，不能高于200d。刘玉芝等提到，全群成母牛平均泌乳天数正常值应该在

150～170d，群体的平均泌乳天数可反映出牛群的品质和繁殖性能。

通过对已授权的67个牧场当前泌乳牛平均泌乳天数进行统计分析，统计结果可见图2.11，当前平均泌乳天数为182d，四分位数范围169～192d（50%最集中牧场的分布范围），群体最高的平均泌乳天数为231d，最低的泌乳天数为119d。

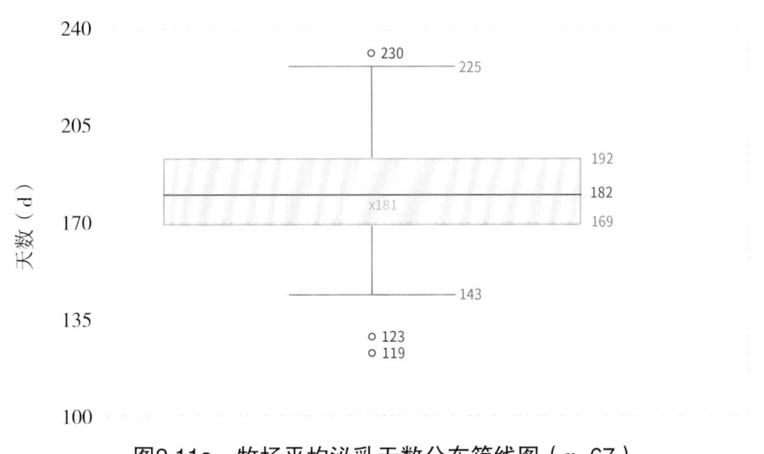

图2.11a　牧场平均泌乳天数分布箱线图（n=67）

Fig. 2.11a　Distribution box plot of average lactation days（n=67）

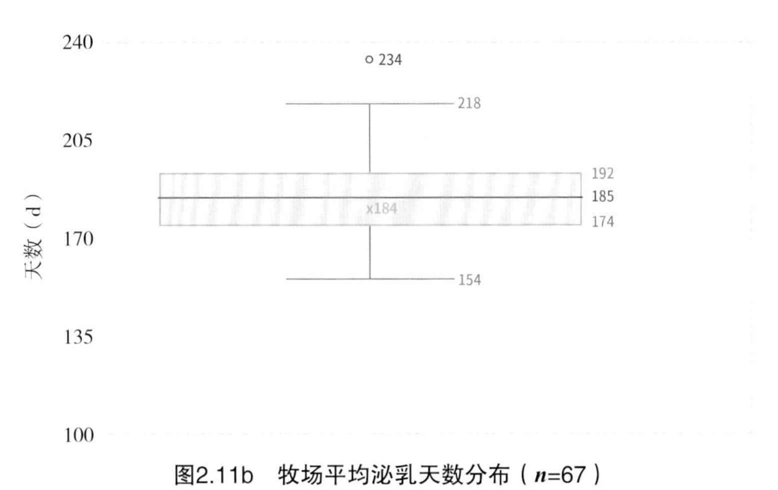

图2.11b　牧场平均泌乳天数分布（n=67）

Fig. 2.11b　Distribution box plot of average lactation days（n=67）

对67个牧场的21d怀孕率与年均泌乳牛平均泌乳天数进行相关分析，两者（Pearson）相关系数为-0.425，统计学检验两样本间相关系数达极显著

（P=0.000 3），反映出21d怀孕率表现越好，年均泌乳牛平均泌乳天数越低，结果散点图如图2.12所示。

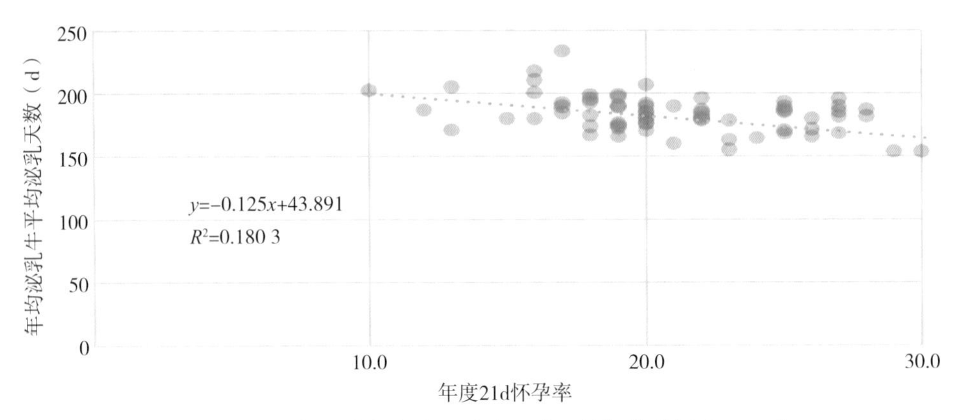

图2.12　21d怀孕率与年均泌乳牛泌乳天数相关分析（n=67）

Fig. 2.12　Correlation analysis between 21-day pregnancy risk and average number of days of lactation（n=67）

各牧场泌乳牛平均泌乳天数全年波动幅度如图2.13所示，其中波动最大的6个牧场，全年波动幅度范围（极差）在88 ~ 169d，查询其牛群动态表，在统计时间段内均发生过批量调出或者批量淘汰的情况。波动范围最小的牧场其全年波动最大幅度仅为7d，在183 ~ 190d波动。

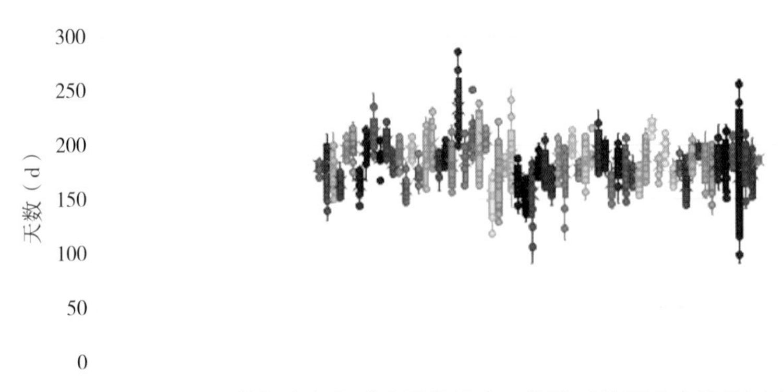

图2.13　牧场全年泌乳牛平均泌乳天数波动范围分布箱线图（n=67）

Fig. 2.13　Distribution box plot of fluctuation range of average lactation days in the whole year（n=67）

根据刘仲奎研究表明，一个规模化牧场的平均泌乳天数持续出现60d、80d、90d、100d、110d、120d、130d，这是不正常的。我们对67个牧场中过去年有月份出现平均泌乳天数<130d的牧场进行查询，共包含6个牧场15个月份的数据，其中1个牧场是由于发生批量调出的情况，使调出后两个月泌乳天数低于130d，3个牧场为短期大量后备牛集中产犊造成，1个牧场为新建牧场，也是后备牛大量产犊造成，剩余1个牧场为稳定牛群结构，其全年21d怀孕率为29%，较高繁殖效率使其在全年中的1个月中的平均泌乳天数达到了129d，其全年泌乳牛平均泌乳天数波动范围为129～172d，数据结果与刘仲奎分析结果一致。

第四节 平均泌乳天数（成母牛）

成母牛平均泌乳天数，表示全群成母牛泌乳天数的平均值，计算方式如下。

$$成母牛平均泌乳天数=\frac{\sum（泌乳牛泌乳天数）+\sum（干奶牛泌乳天数）}{总成母牛头数}$$

注：干奶牛的泌乳天数为其从产犊至干奶的天数

成母牛的泌乳天数，可用来反映牛群异常干奶牛比例、干奶时怀孕天数差异等问题，同时可用来反映全群成母牛的生产水平，通常与成母牛平均单产相对应，共同反映全群成母牛的盈利能力。

我们对已授权的67个牧场成母牛平均泌乳天数与泌乳牛平均泌乳天数统计，统计结果可见图2.14，成母牛泌乳天数平均值与中位数均为202d，上下四分位数为190～215d，最大值为282d，最小值为128d。

将各牧场平均成母牛平均泌乳天数与泌乳牛平均泌乳天数的差值进行统计，统计结果见图2.15，可见成母牛泌乳天数与泌乳牛平均泌乳天数差值平均为20d，上下四分位数为15～25d，箱型图统计最高的差异为40d，最低为0d。当差异为0，表示牛群全部为泌乳牛，无干奶牛，该种情况通常出现于新建牧场牛群刚刚投入生产时尚且没有干奶牛的情况，对高于40d的异常数据进行查询，查询结果表明造成差值过高的原因主要包括：一是牛群成母牛中干奶牛只比例过高，二是牛只干奶时泌乳天数过高，反映出较低的繁殖水平与较低的产奶量。同样，对于成母牛与泌乳牛天数相差过低时进行分析，主要原因包括：一是为新建牧场牛群，牛群尚未开始干奶，二是干奶时泌乳天数过短，国内这一种通常称为未孕干奶牛，即早期的异常干奶牛。成母牛与泌乳牛合理的平均泌乳天数差异，表明了成母牛群的稳定性与全群成母牛的生产水平。

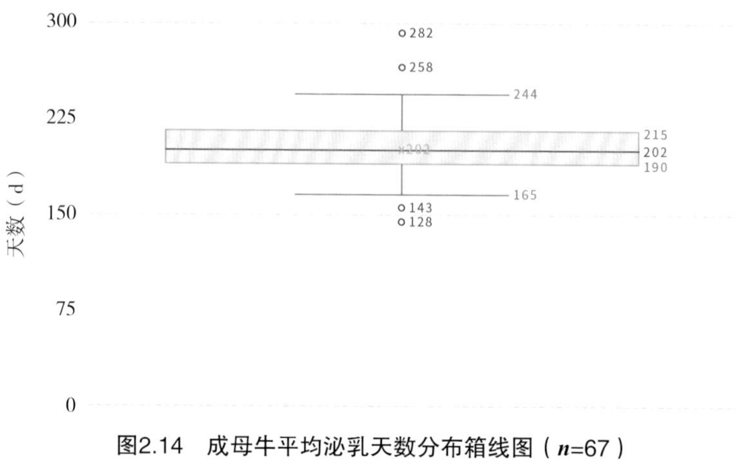

图2.14　成母牛平均泌乳天数分布箱线图（n=67）

Fig. 2.14　Distribution of average lactation days（n=67）

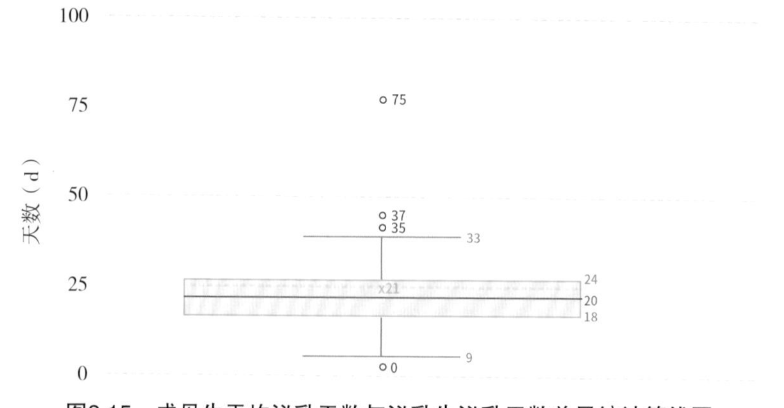

图2.15　成母牛平均泌乳天数与泌乳牛泌乳天数差异统计箱线图

Fig. 2.15　Statistical box plot of the difference average lactation days between cows and milking cows

第三章 成母牛关键繁育性能现状

众所周知，对于商业化奶牛场，繁殖是驱动一个牧场能否盈利的关键，因此作为管理者必须对牧场的繁殖水平进行及时评估，以便及时改进和预防问题的发生，本章对繁殖管理中常见的指标，诸如：21d怀孕率、配种率、受胎率、孕检怀孕率、平均产犊间隔、平均空怀天数、平均配种次数等指标分别进行了统计分析及说明。

第一节　21d怀孕率

21d怀孕率（21-Day Pregnant Risk）的概念最早由Steve Eicker博士和Connor Jameson博士于20世纪80年代在美国硅谷农业软件公司（VAS）提出并通过DC305牧场管理软件应用于牧场当中，这是目前人们所能够找到的能较全面、及时、准确评估牧场的繁殖表现的关键指标，其定义为：应怀孕牛只在可怀孕的21d周期（发情周期）内最终怀孕的比例。我们对截至当前过去一年115个牛群的成母牛怀孕率进行统计汇总（图3.1），四分位数范围16%～21%（50%最集中牧场的分布范围），平均值为18.8%，中位数为18%，与2017年度（怀孕率平均值16%，中位数15%）及2018年度（怀孕率平均值18.5%，中位数17%）相比，繁殖表现均有所提升。

对不同规模牧场的21d怀孕率表现进行分组统计分析（表3.1），可以看到，几个全群规模分组中，牧场规模越大，平均怀孕率水平则越高，极差也越小，反映出大型牧场相对完善的繁育流程与相对标准的操作规程和一线执行能力。1 000头以内的牧场之间差异最大，最低与最高值均在小规模群体中（<1 000

头），表明小规模牧场繁殖管理水平差异较大，很多牧场存在较大的繁育提升空间。同时由于小型牧场更加灵活的制度，不必拘泥于严格的繁育制度当中，使小型牧场可以更加灵活与精细地处理牛只，从而达到更加优秀的繁殖表现。

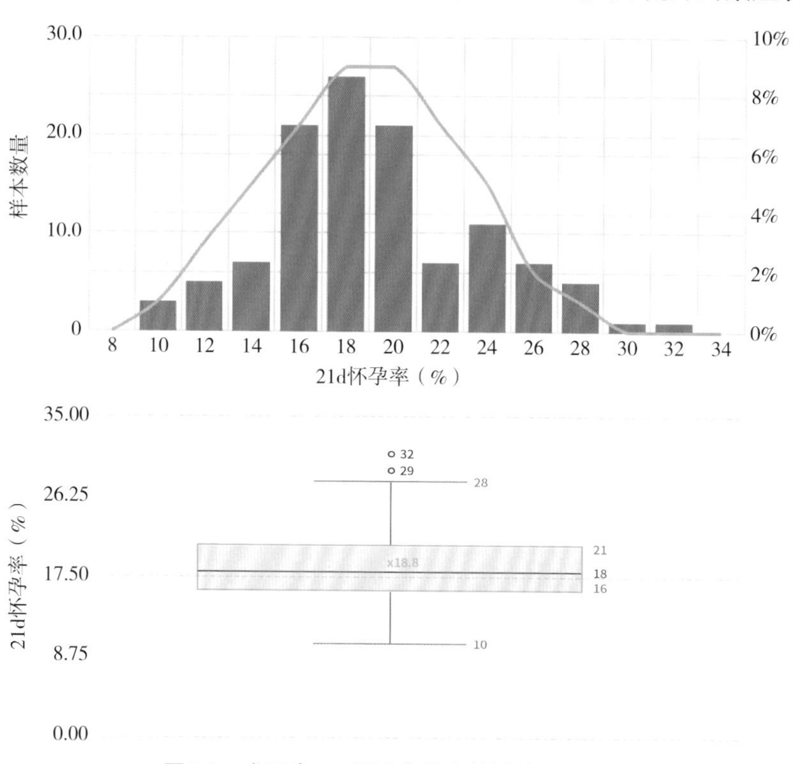

图3.1　成母牛21d怀孕率分布统计（*n*=115）

Fig. 3.1　Distribution statistics of 21-day pregnancy risk of cows（*n*=115）

表3.1　不同群体规模牧场21d怀孕率统计结果（*n*=115）

Tab. 3.1　Statistical results of 21-day pregnancy risk in different population size farms（*n*=115）

全群规模（头）	牧场数量（个）	牧场数量占比（%）	平均值	中位数	最大值	最小值
<1 000	35	30.4	16.4	16	32	10
1 000～1 999	46	40.0	18.8	12	29	12
2 000～4 999	18	15.7	19.3	19	27	14
≥5 000	16	13.9	23.3	24.5	27	15
总计	115	100	18.8	18	32	10

第二节　21d配种率

21d配种率（或称发情揭发率），通常与21d怀孕率共同计算与呈现，其定义为：应配种牛只在可配种的21d周期（发情周期）内最终配种的比例，配种率主要反映出牧场配种工作（或发情揭发工作）的效率高低。对截至当前过去一年115个牛群的成母牛配种率进行统计汇总，其成母牛配种率分布情况如图3.2所示，超过75%的牧场配种率均高于43%，50%的牧场集中分布于43%～59%，平均值为49.5%，中位数为52%，最大值为68%，最小值为19%。分析配种率最高的5个群里，其高配种率的原因主要包括：一是全年持续稳定的配种工作，未因节日及季节影响牛只配种工作；二是产后牛及空怀牛同期流程的良好应用；三是繁育人员具有较强的责任心及辅助发情监测工具的良好应用（计步器、尾根涂蜡笔等）。

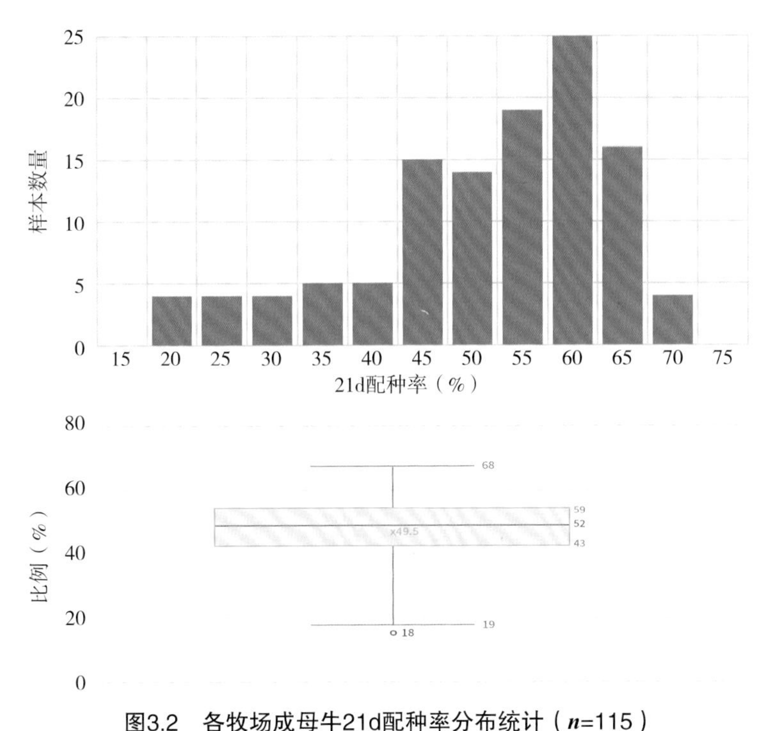

图3.2　各牧场成母牛21d配种率分布统计（*n*=115）

Fig. 3.2　Distribution statistics of 21-day service rate of cows in the farms（*n*=115）

对不同规模群体的配种率表现进行与怀孕率一样的分组统计（表3.2），可以看到，几个全群规模分组中，牧场规模越大，平均配种率水平则越高，组内不同牧场间的差异也越小，这个结果与怀孕率表现情况一致。各规模分组中配种率最高值差异不明显（1%～4%），但最小值方面，2 000头以上规模牧场配种率（43%）明显高于2 000头以下牧场（18%），同样反映出大型牧场相对完善的繁育流程与相对标准的操作规程。各分组配种率最大值无明显差异，表明优秀的配种率表现与群体规模并无明显关系，任何规模的群体均可取得优秀的配种率表现。

表3.2　不同群体规模牧场21d配种率统计结果（n=115）

Tab. 3.2　Statistical results of 21-day service rate of different population size herds（n=115）

全群规模（头）	牧场数量（个）	牧场数量占比（%）	平均值	中位数	最大值	最小值
<1 000	35	30.4	43.5	45	64	18
1 000～1 999	46	40	48.5	50.5	68	18
2 000～4 999	18	15.7	56.2	57.5	66	43
≥5 000	16	13.9	58	59.5	67	43
总计	115	100	49.5	52	68	18

第三节　成母牛受胎率

受胎率定义为：配种后已知孕检结果配种事件中怀孕的百分比，计算方法如下。

$$成母牛受胎率（\%）= \frac{配种怀孕事件数}{配种事件总数（已知孕检结果）} \times 100$$

115个牧场中，我们剔除掉5个新投入生产及配种数据不全牧场受胎率指标，剩余110牧场当中，其受胎率分布情况如图3.3所示。所有牧场中，受胎率最高为65%，最低为24%，四分位数范围为34.7% ~ 43%（50%最集中牧场的分布范围），平均为39.2%，中位数为38%。

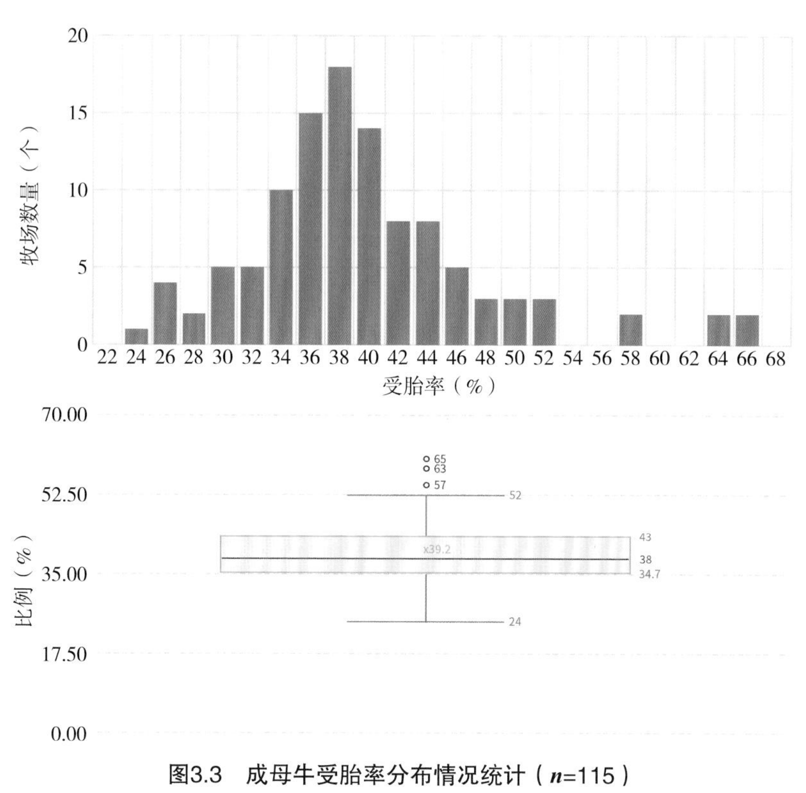

图3.3　成母牛受胎率分布情况统计（*n*=115）

Fig. 3.3　Statistics on the distribution of conception rate of cows（*n*=115）

对不同群体规模的受胎率表现进行分组统计（表3.3），可以看到，5 000头以上规模组内差异最小，1 000头以内规模牧场组内差异最大。虽然受胎率有无法反映参配率的缺点，但不可否认受胎率的高低对于牧场繁殖策略的选择以及牧场效益高低具有重要的参考意义，所以牧场制订繁育流程时，结合牧场受胎率结果作为重要参考因素。

表3.3　不同规模群体的受胎率表现

Tab. 3.3　Performance of conception rate in different size herds

全群规模（头）	牧场数量（个）	牧场数量占比（%）	平均值	中位数	最大值	最小值
<1 000	32	29	39.2	36	66	24

（续表）

全群规模（头）	牧场数量（个）	牧场数量占比（%）	平均值	中位数	最大值	最小值
1 000～1 999	44	40	39.8	38	58	31
2 000～4 999	18	16	36.2	35.5	47	28
≥5 000	16	15	40.8	41	47	36
总计	110	100	39.2	38	66	24

第四节　成母牛不同配次受胎率

对截至当前过去一年110个牛群的成母牛不同配次受胎率进行分析，结果如图3.4所示，可见产后第1次配种受胎率平均值>第2次配种受胎率平均值>第3次配种受胎率平均值（分别为41.3%，38.4%，34.1%），各牧场不同配次受胎率及不同配次间受胎率差异如图3.5所示。首次配种受胎率四分位数范围为35.7%～46%，第2次配种受胎率四分位数范围为33%～44%，第3次配种受胎率四分位数范围为29.7%～39%（四分位数范围为50%最集中牧场的分布范围）。

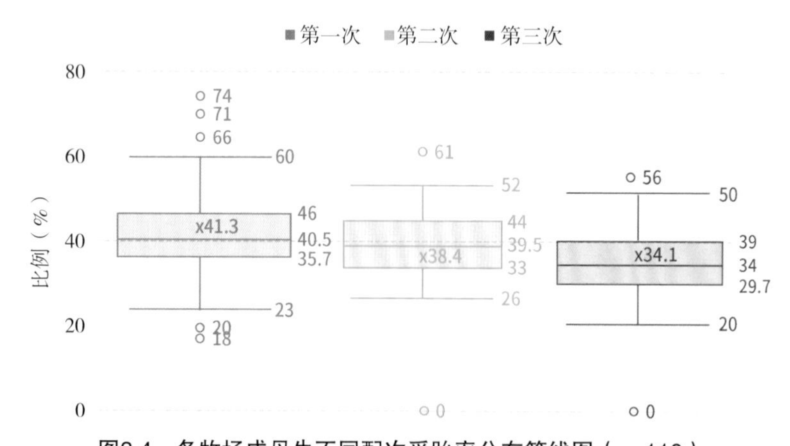

图3.4　各牧场成母牛不同配次受胎率分布箱线图（n=110）

Fig. 3.4　Distribution box plot of different times of conception rate of cows in different herds（n=110）

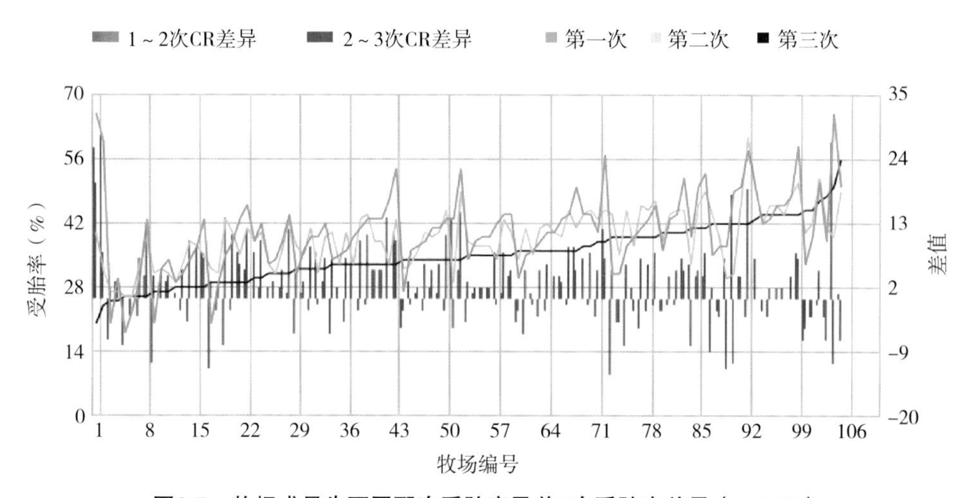

图3.5　牧场成母牛不同配次受胎率及前3次受胎率差异（*n*=110）

Fig. 3.5　The difference of conception rate on different service times and the first three times（*n*=110）

对于前两次配种分别进行了差异分析（图3.6），可见超过40%（45/110）的牧场首次配种受胎率仍然低于之后几次配种受胎率，分析首次配种受胎率低于之后几次受胎率的情况，主要原因包括：一是不完善的产后护理及保健流程；二是产后牛同期方案执行不佳；三是配种过早，主动停配期设置不合理。

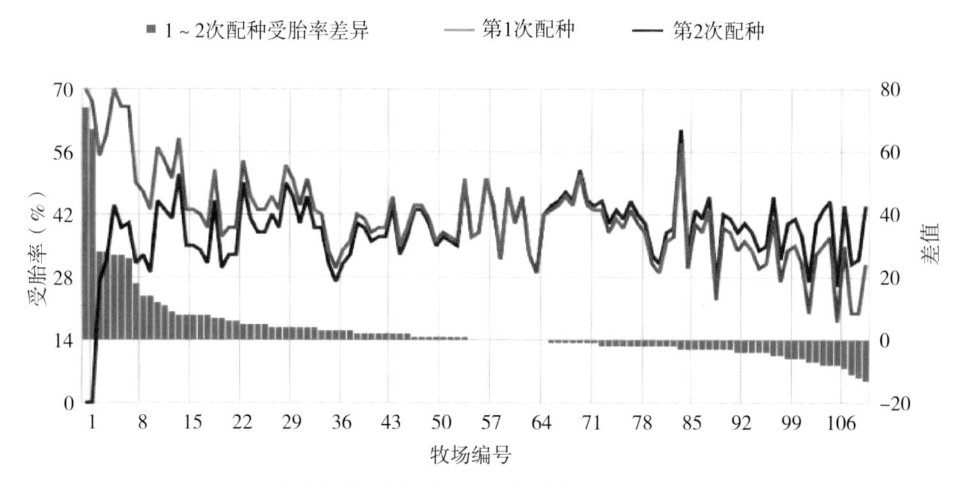

图3.6　成母牛第1次与第2次配种受胎率及差异（*n*=110）

Fig. 3.6　The difference of conception rate for the first and second service（*n*=110）

第五节　成母牛不同胎次受胎率

对截至当前过去一年110个牛群的成母牛不同胎次牛只受胎率进行分析，结果如图3.7所示。可见1胎牛配种受胎率平均值>第2胎次配种受胎率平均值>第3胎次配种受胎率平均值（分别为40.1%，37.7%，35.7%），各牧场不同配次受胎率及不同配次间受胎率差异如图2.8所示。头胎牛受胎率四分位数范围为34.7%～44%，2胎牛配种受胎率四分位数范围为33%～41.2%，3胎以上牛只配种受胎率四分位数范围为31%～42%（四分位数范围为50%最集中牧场的分布范围）。

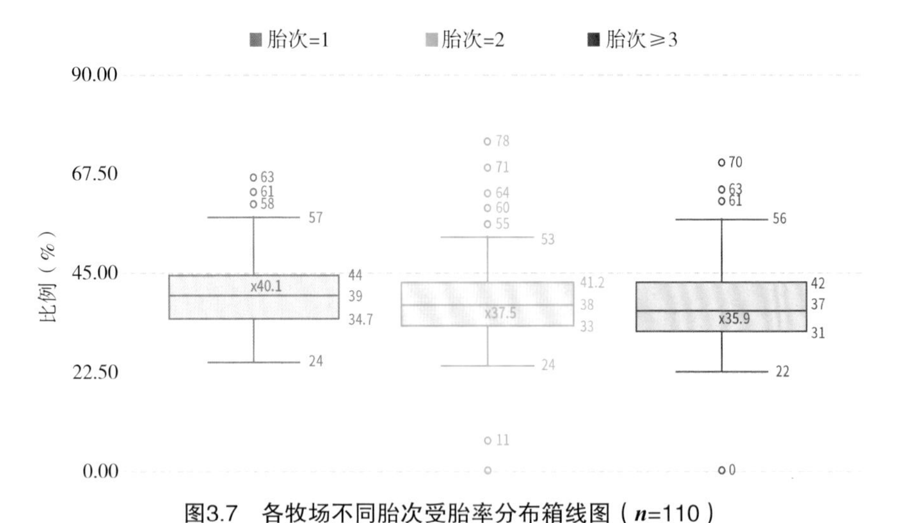

图3.7　各牧场不同胎次受胎率分布箱线图（*n*=110）

Fig. 3.7　Box line chart of conception rate distribution of different parity in different farms（*n*=110）

对于1胎牛及2胎牛单独进行了差异分析（图3.8），可见有38%（42/110）的牧场受胎率结果1胎牛低于2胎牛，分析1胎牛受胎率低于2胎牛受胎率的情况，可能原因包括：一是不完善的产后护理及保健流程；二是青年牛围产天数不足；三是头胎牛配种过早，主动停配期设置不合理；四是头胎牛发情揭发率低于经产牛。

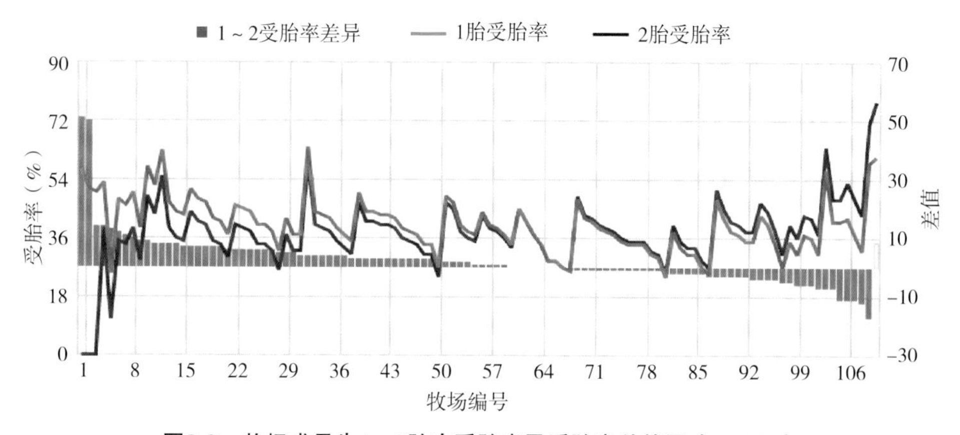

图3.8　牧场成母牛1～2胎次受胎率及受胎率差值图（n=110）

Fig. 3.8　Difference of 1～2 parity and conception rate of cow in the farms（n=110）

第六节　150d未孕比例

成母牛150d未孕比例，定义为全群成母牛群中，产后150d以上牛只中未孕牛只的比例，计算方法如下。

$$150\text{d未孕比例}=\frac{\text{产后天数}>150\text{d未孕牛头数}}{\text{产后天数}>150\text{d总牛头数}}$$

150d未孕比例监测的意义主要在于：一是用来反映牧场全群成母牛怀孕效率，二是反映成母牛群中繁殖问题牛群比例。150d未孕比例越低，则表明成母牛群繁殖效率越高，同时成母牛牛群结构中有繁殖问题牛群占比越少。

对于115个牛群该指标进行分析，我们剔除了近期牛群发生较大变动的7个牧场（发生转场、批量淘汰等，造成牛群结构变动较大），对剩余108个牧场根据牛群规模分组进行了统计，所有牧场当中（图3.9），150d未孕比例平均为24.4%，中位数为23%，最高值为48%，最低值为12%，四分位数范围20%～30%（50%最集中牛群的分布）。不同群体规模分组统计结果表明（图3.10，表3.4），群体规模越大，其150d未孕比例平均值表现越低，且组内差异较小。该结果表明规模较大牧场，更加重视数据化管理，有较好的关键指标体系管理，并且会及时关注牛群结构指标并做出相应调整，保持较好的牛群结构比例情况。

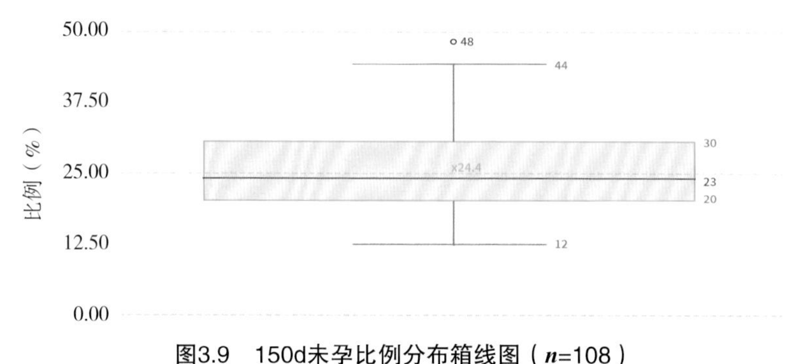

图3.9　150d未孕比例分布箱线图（n=108）

Fig. 3.9　Box plot map of proportion distribution of non-pregnancy at 150 DIM（n=108）

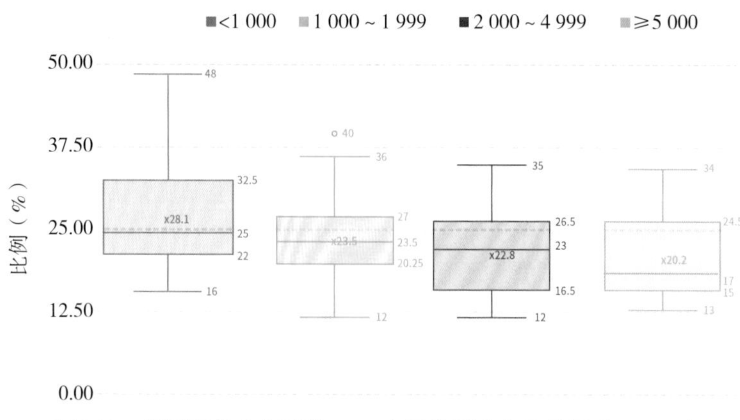

图3.10　不同规模分组群体150d未孕比例分布箱线图（n=108）

Fig. 3.10　Distribution of proportion of non-pregnancies at 150 DIM in different size herds（n=108）

表3.4　不同群体规模分组150d未孕比例统计结果（n=108）

Tab. 3.4　Statistical results of the proportion of non-pregnancies at 150 DIM in different size herds（n=108）

全群规模（头）	牧场数量（个）	牧场数量占比（%）	平均值	中位数	最大值	最小值
<1 000	34	31.5	28.1	25	48	16

（续表）

全群规模（头）	牧场数量（个）	牧场数量占比（%）	平均值	中位数	最大值	最小值
1 000～1 999	44	41.7	23.5	23.5	40	12
2 000～4 999	17	15.7	22.8	23	35	12
≥5 000	13	12	20.2	17	34	13
总计	108	100	26.1	24	48	12

第七节　平均首配泌乳天数

平均首配泌乳天数，定义为成母牛群中首次配种时的平均产后天数，计算方法为截至当前成母牛中所有当前胎次有配种记录成母牛的平均首配泌乳天数。平均首配泌乳天数主要用来反映牧场成母牛首次配种的及时性，可作为牛群首次配种方案评估的参考值，115个牛群中首配泌乳天数分布情况如图3.11所示。平均首配泌乳天数最大为156d，最小为56d，平均值为74d，中位值为66d，各牧场该指标的分布情况反映出平均值的局限性，可见大部分牧场分布于56～82d，但平均值与中位数差异巨大，故该指标也仅供参考使用，并不能完全反映出牧场生产现状。

为进一步分析首次配种分布的差异情况，我们选取了平均首配泌乳天数最低的4个牧场进行具体分布情况的查询，这4个牧场的首次配种模式分布情况如图3.12所示。其中以牧场4为例，其平均泌乳天数为58d，但从其过去一年的首次配种散点图上可以看到，首次配种的方案并不理想，首次配种并不集中，离散度较高，且存在很多配种过早及配种过晚的牛只，该示例体现出了平均值的片面性，所以在分析数据时，必须确定指标的参考性及意义。

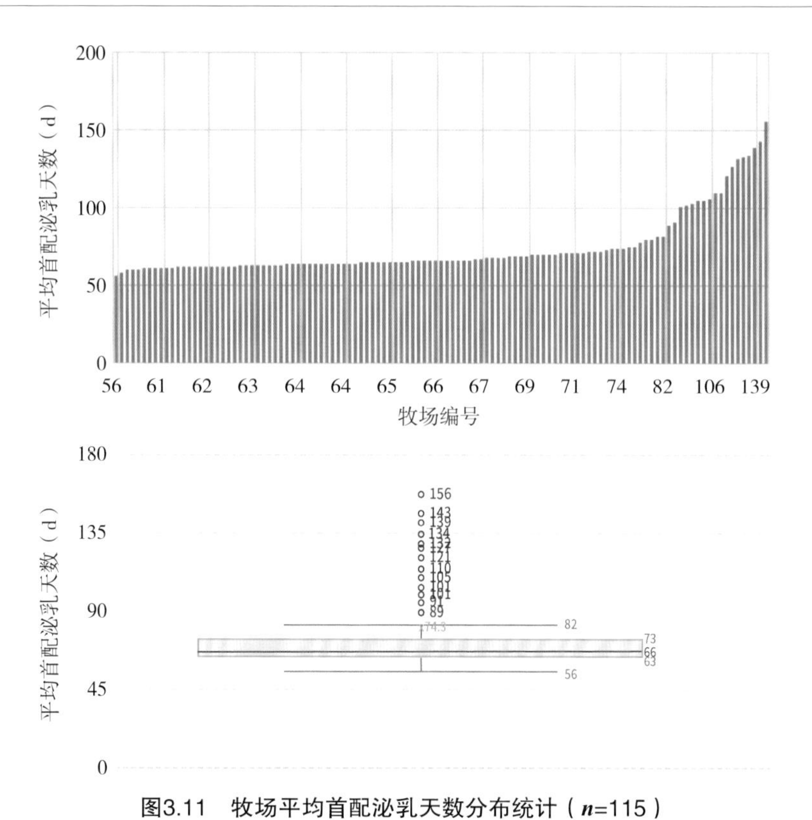

图3.11　牧场平均首配泌乳天数分布统计（n=115）

Fig. 3.11　Distribution statistics of average DIMFB（n=115）

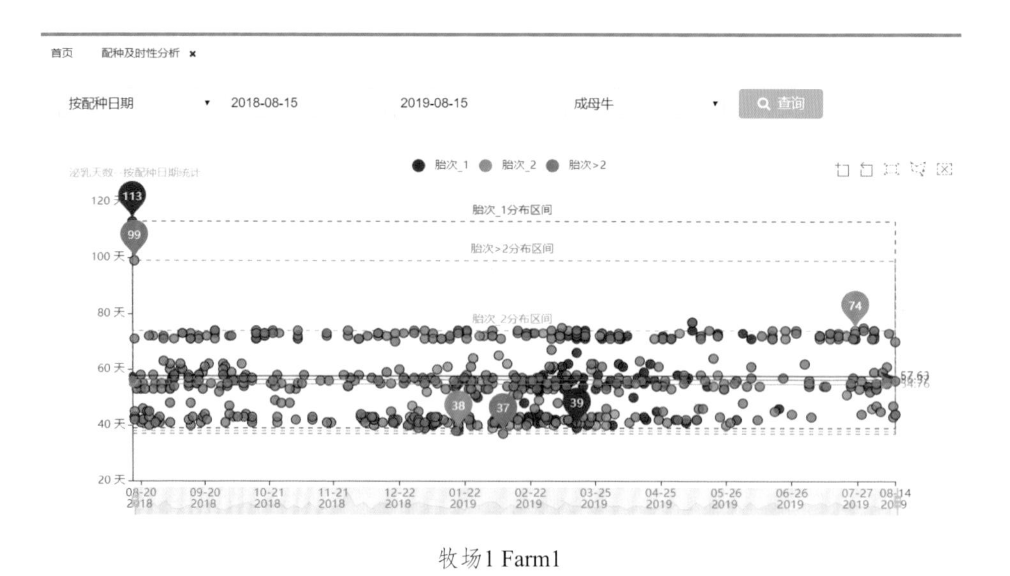

牧场1 Farm1

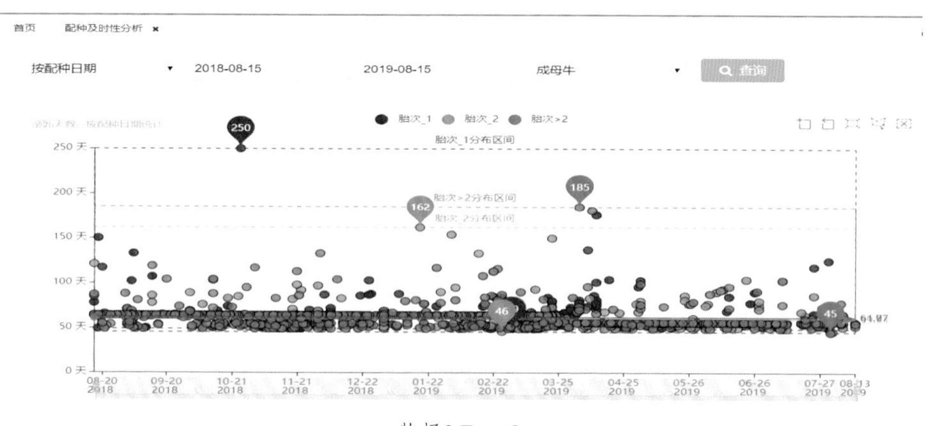

牧场2 Farm2

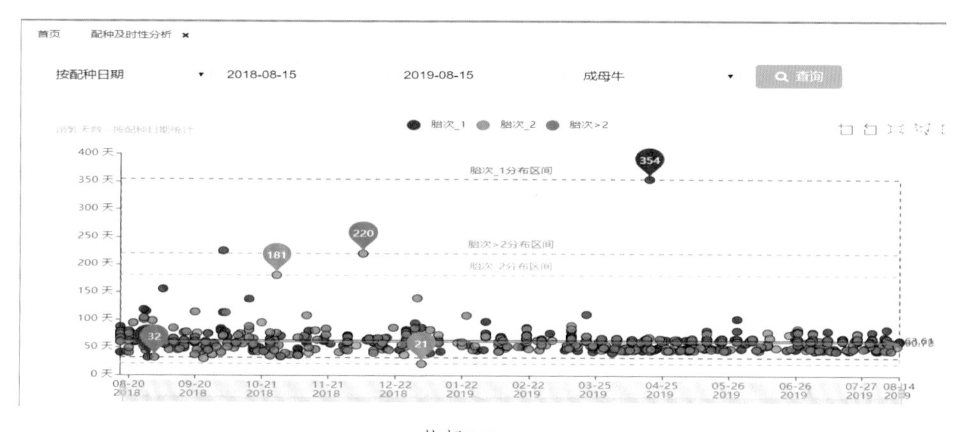

牧场3 Farm3

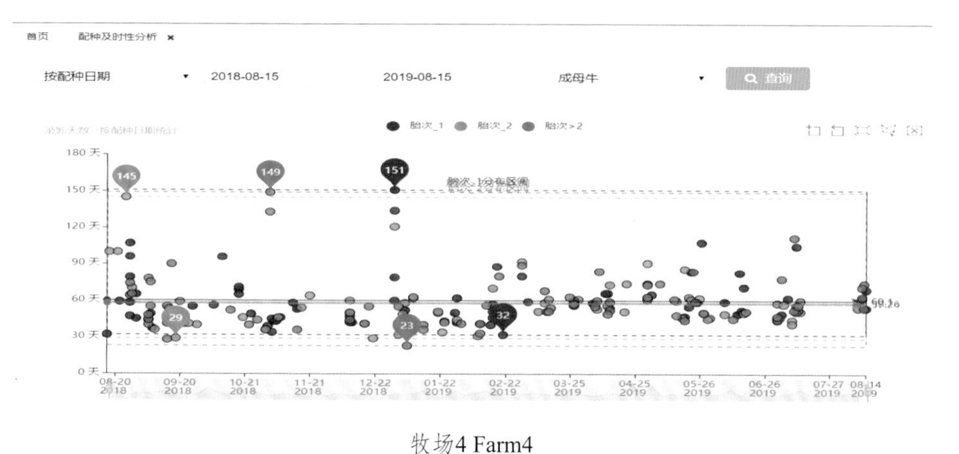

牧场4 Farm4

图3.12　最低的4个牧场的首次配种模式分布散点图

Fig. 3.12　Scatter diagram of the distribution of DIMFB of the lowest 4 herds

第八节　平均空怀天数

空怀天数（也称为配妊天数），其定义对于未孕牛只为牛只产后至今的天数，对于已孕牛只为牛只产后至配种结果为怀孕的配种日期的天数，平均空怀天数算法为当前所有在群成母牛空怀天数的平均值，该指标可作为当前成母牛群的繁殖效率情况及牛只当前胎次繁殖方案实际执行效果的参考值，但其同时受到流产牛、禁配牛等异常牛群比例的影响。因该指标统计牛只仅基于某一个时间点状态计算其空怀天数，与21d怀孕率，怀孕牛比例等指标并不处于同一时间维度，所以我们未进行其关联分析。115个牛群中平均空怀天数分布情况如图3.13所示，各牛群中平均空怀天数最大为229d，最小为89d，平均值为139d，中位值为137d，四分位数范围123 ~ 154d（50%最集中牧场的分布情况）。

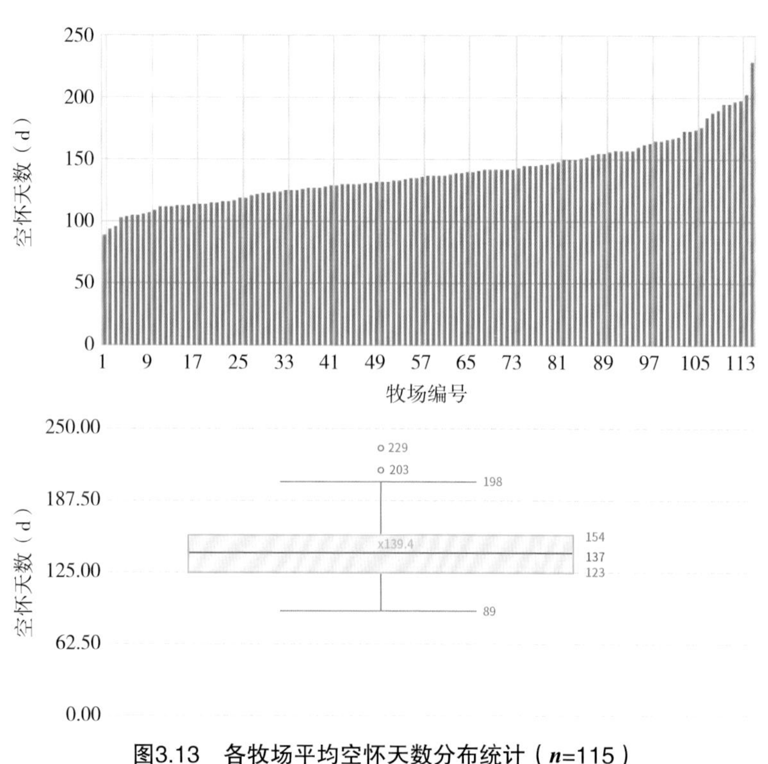

图3.13　各牧场平均空怀天数分布统计（*n*=115）

Fig. 3.13　Distribution statistics of average DOPN（*n*=115）

第九节　平均产犊间隔

产犊间隔，指经产牛本次产犊与上次产犊时的间隔天数，其计算方法为牛只本次产犊日期－上次产犊日期，牛只至少产犊两次才可以计算产犊间隔。平均产犊间隔为经产牛群产犊间隔的平均值，虽然存在反映的繁殖效率滞后性的缺点，但对于牛群上一胎次繁殖效率的评估可作为很好的评估标准。115个牧场中，排除刚发生较大牛群结构变动（转场及批量淘汰）及尚无经产牛的牧场，对剩余107个牧场进行统计（图3.14），统计结果可见，牧场产犊间隔的平均值为410d，中位数为405d，最大值为466d，最小值为353d，四分位数范围393～429d（50%最集中牧场的分布情况）。

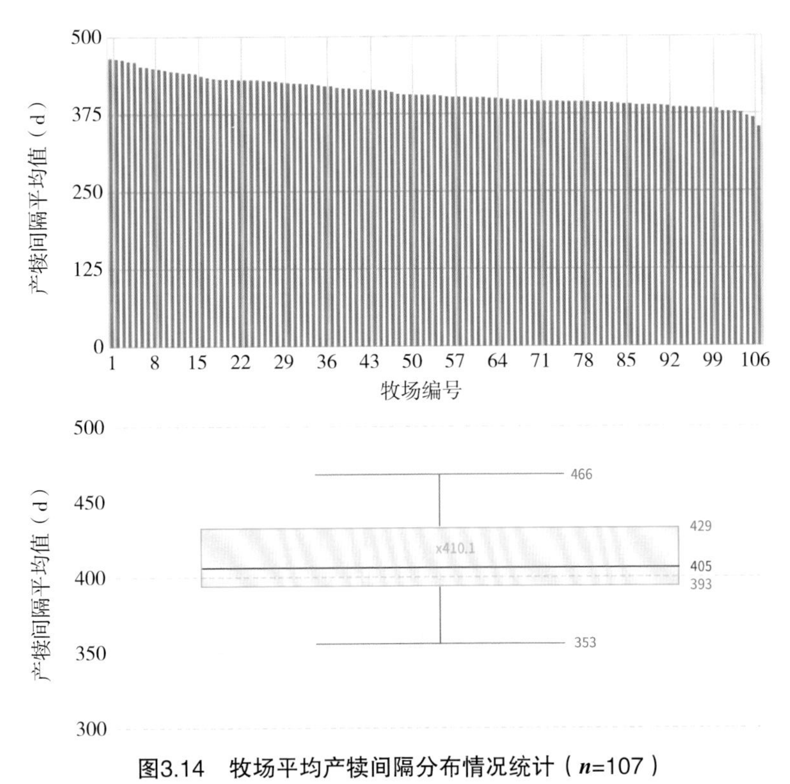

图3.14　牧场平均产犊间隔分布情况统计（*n*=107）

Fig. 3.14　Statistics of average calving interval distribution（*n*=107）

对产犊间隔最低的5个牧场进行深入分析，其2018年度21d怀孕率分别为

30%、25%、27%、16%、32%，其中4个牧场均在25%以上，有1个怀孕率仅为16%，对其牛群结构进行追溯，发现该牧场为2018年3月份头胎牛开始产犊，6月初刚刚开始开展成母牛繁育工作，所以以当前数据结果进行统计，正好为最早配孕的一部分牛只产犊后计算结果，并未反映出全群水平（图3.15）。该示例也反映出产犊间隔作为评估繁育指标时的滞后性与片面性。

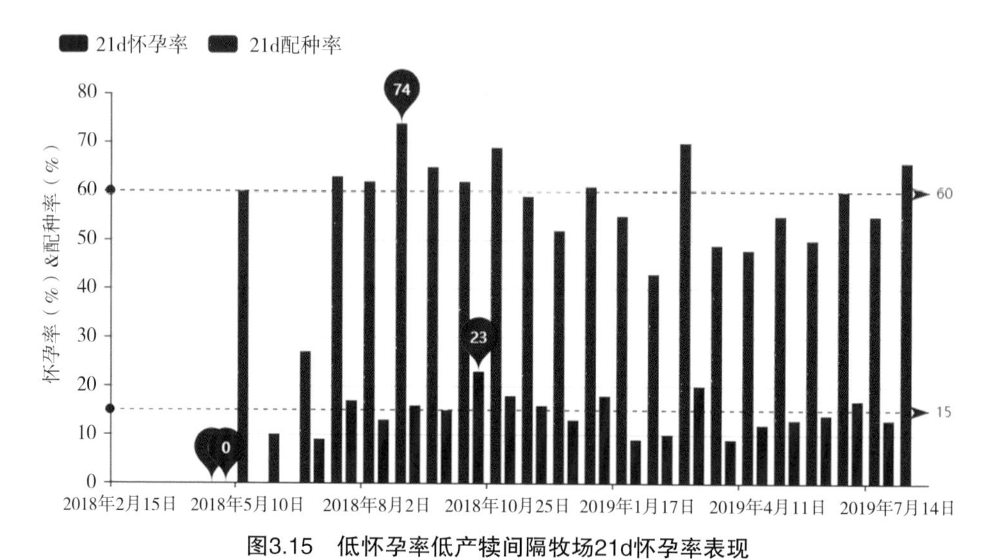

图3.15　低怀孕率低产犊间隔牧场21d怀孕率表现

Fig. 3.15　Performance of 21-day pregnant risk in low calving interval farm

第十节　孕检怀孕率

孕检怀孕率，指成母牛孕检总头数中孕检怀孕的比例，计算方法如下。

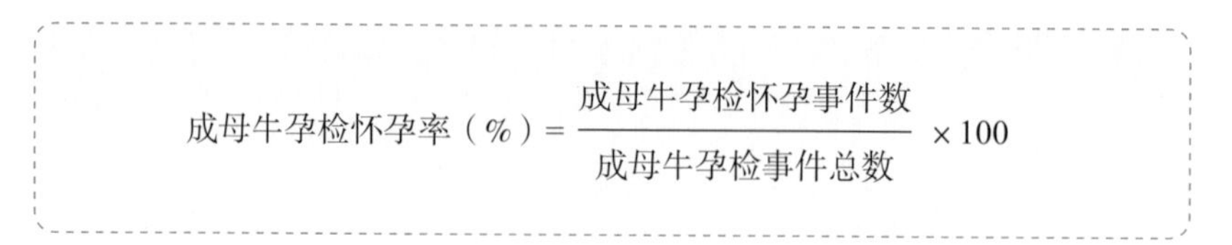

$$成母牛孕检怀孕率（\%）=\frac{成母牛孕检怀孕事件数}{成母牛孕检事件总数}\times 100$$

孕检怀孕率为反映成母牛配后第一个情期发情揭发率的有效指标，孕检怀孕率越高，表明牧场对于配后牛只的发情揭发工作越积极与成功。很多生产人员通过该指标评估受胎率，这是对孕检怀孕率的误解，因为牛只如果及时发现返情，是不必等到孕检即可发现空怀的，所以其更重要的作用是评估发情揭发率的表现。115个牧场中，排除8个孕检录入不规范的牧场（仅记录孕检怀孕，未进行孕检空怀记录），107个牧场过去一年的孕检怀孕率情况见图3.16。可见各牧场平均孕检怀孕率为63.4%，中位数为62%，最高为88%，最低为45%，四分位数范围56%～69%（50%最集中牧场的分布情况）。

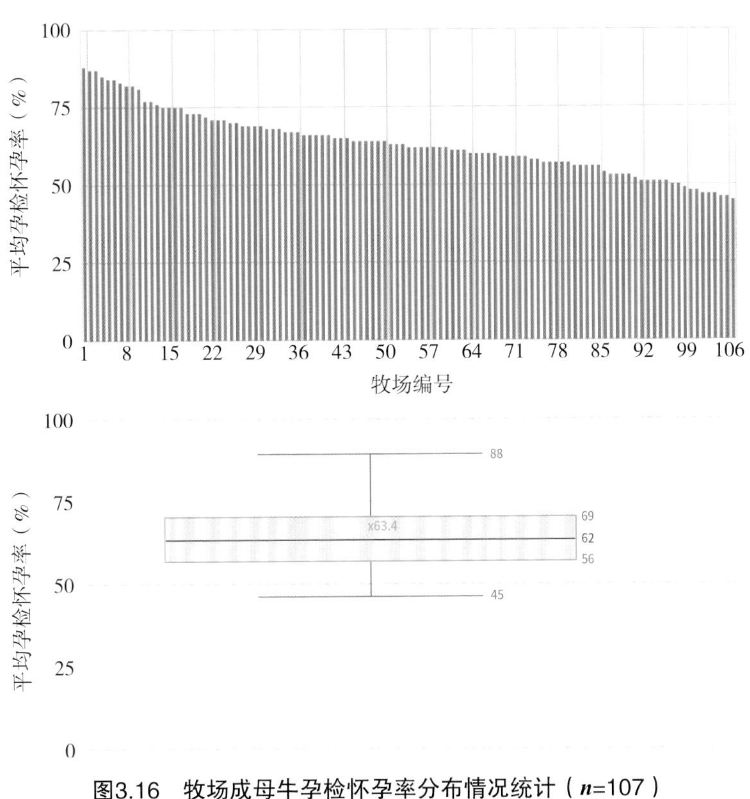

图3.16　牧场成母牛孕检怀孕率分布情况统计（*n*=107）

Fig. 3.16　Distribution statistics of pregnancy risk（*n*=107）

由于群体规模及人员配置对繁育人员工作方式有很大关联性，我们对不同群体规模分组的孕检怀孕率进行了统计（表3.5，图3.17），可见5 000头以下牧场仍有较大提升空间，5 000头以上牧场变异范围相对最小，且最高值相对在几个分组中最低，分析原因主要为大型牧场有较为规范的繁育操作规程。大型牧场孕检怀孕率表现最好的牧场未表现出很突出的水平（最大值73%），我们推测可能原因：一方面由于较为规范的繁育操作流程，致其相对缺乏每日进行人工观察发情的人力以及缺少灵活处理的空间，另一方面大型牧场为保证繁殖效率的高效，配后孕检天数设置较短且相对稳定，工作流程中对于返情观察的流程较难固化。统计结果表明，1 000～4 999头规模的牛群更有可能取得更高的孕检怀孕率表现。

表3.5　不同群体规模分组的孕检怀孕率统计分布情况（n=107）

Tab. 3.5　Statistical distribution of pregnancy risk in different herds（n=107）

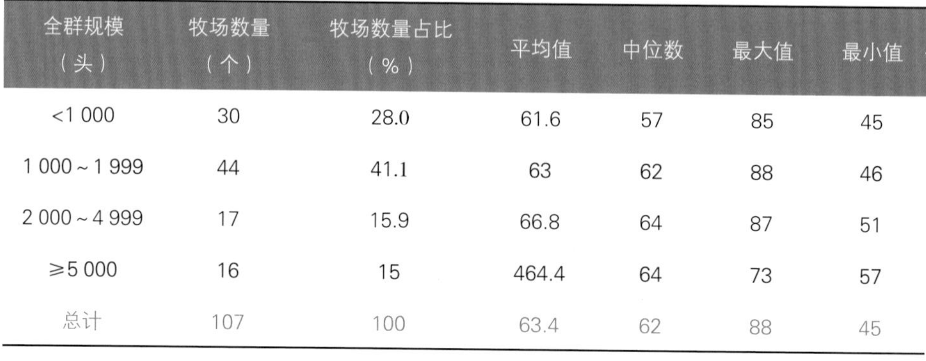

全群规模（头）	牧场数量（个）	牧场数量占比（%）	平均值	中位数	最大值	最小值
<1 000	30	28.0	61.6	57	85	45
1 000～1 999	44	41.1	63	62	88	46
2 000～4 999	17	15.9	66.8	64	87	51
≥5 000	16	15	464.4	64	73	57
总计	107	100	63.4	62	88	45

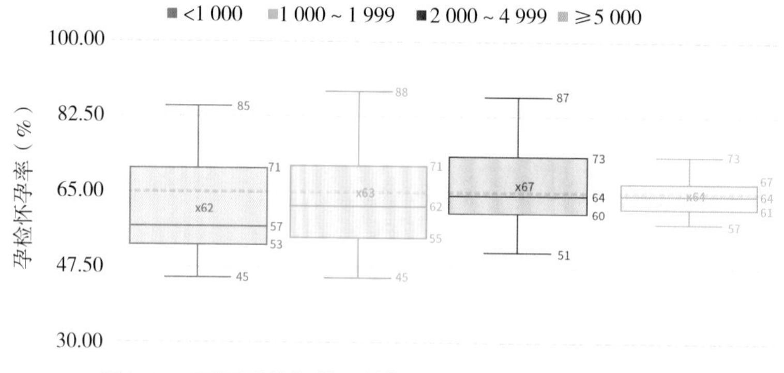

图3.17　不同群体规模孕检怀孕率分布箱线图（n=107）

Fig. 3.17　Distribution box plot of pregnancy risk in different population herds（n=107）

第四章 健康关键生产性能现状

保证牛群健康也是提高牧场盈利能力的关键点之一，而且随着生产水平的发展，保证牛群的健康也不仅仅是药物治疗，更多牧场在接受并理解着保证牛群健康的概念，即生产兽医学的思维。繁殖、乳房健康、精准饲养及营养保证，奶牛舒适度，这些方面管理水平的提高，最终都将转化为死淘率下降、乳房炎发病率的下降及产后代谢病发病率的降低。本章汇总统计了一牧云用户牛群中的健康指标表现，包括死淘率、产后60d死淘率、乳房炎发病率、产后代谢病发病率，以及关联影响牛群健康的平均干奶天数、围产天数及流产率的表现情况及分布范围。

第一节 成母牛死淘率

在115个统计牧场当中，我们去除2个发生过牧场清空又调入牛只的牧场，以及总死淘头数<10头的9个极端牧场，获得剩余共计104个牧场的共计57 329条成母牛死淘记录，其中淘汰记录占比80%（45 617/57 329），死亡记录占比20%（11 712/57 329），可见死淘牛群中淘汰牛群占主要部分。104个牧场的死淘率分布情况如图4.1所示，可见年死淘率平均值为30.5%，最大值63.2%，最小值1%，中位数30.8%；年死亡率平均值7.2%，最大值40.1%，最小值0.1%，中位数5.4%；年淘汰率平均值23.4%，最大值62.2%，最小值0.8%，中位数23.5%。

成母牛年死淘率、死亡率及淘汰率计算方法如下。

成母牛年死淘率（%）=（成母牛死亡淘汰总数/成母牛年总平均饲养头数）×100

成母牛年淘汰率（%）=（成母牛淘汰总数/成母牛年总平均饲养头数）×100

成母牛年死亡率（%）=（成母牛死亡总数/成母牛年总平均饲养头数）×100

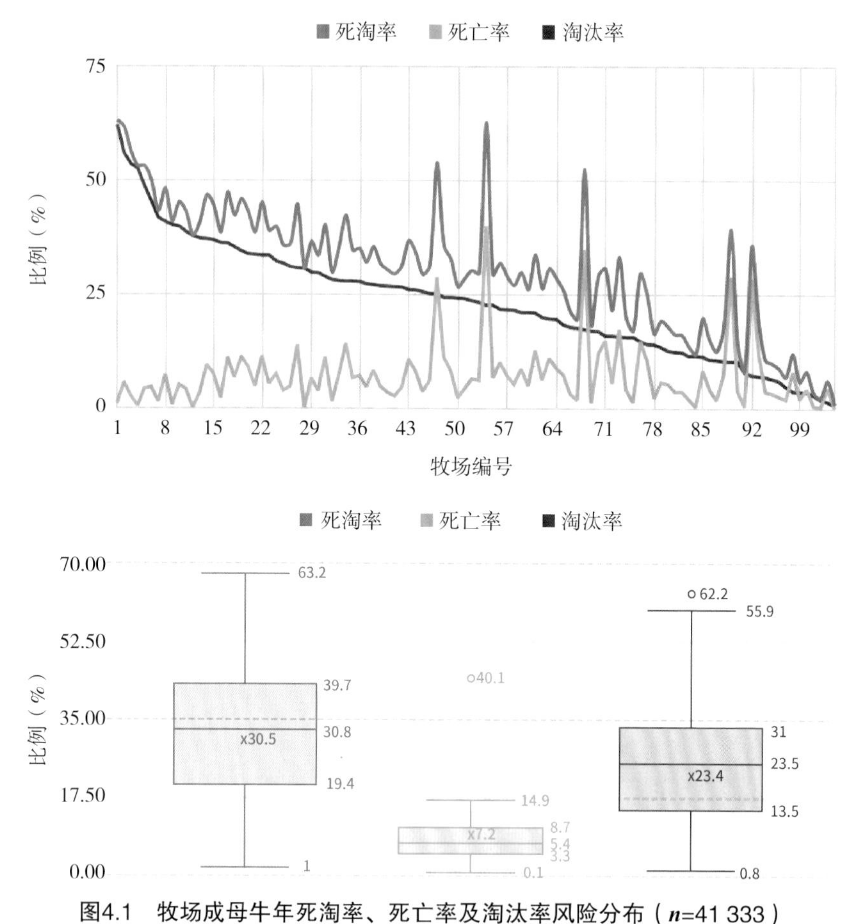

图4.1　牧场成母牛年死淘率、死亡率及淘汰率风险分布（*n*=41 333）

Fig. 4.1　Distribution of annual cull rate，mortality and sold of cows（*n*=41 333）

取箱线图中统计的成母牛死淘率处于50%最集中分布范围（19.4%～39.7%）的共50个牧场的41 333条死淘记录进行更多维度的分析，其中死亡占比20%（8 213/41 333），淘汰占比80%（33 120/41 333），结果与大样本保持一致。按胎次对死淘牛只进行分组统计，1胎牛占比30%，2胎牛占比25%，3胎及以上牛只占比45%。按产后天数分组统计，60d内（≤60d）死淘牛只占比29%（12 027/41 333）。

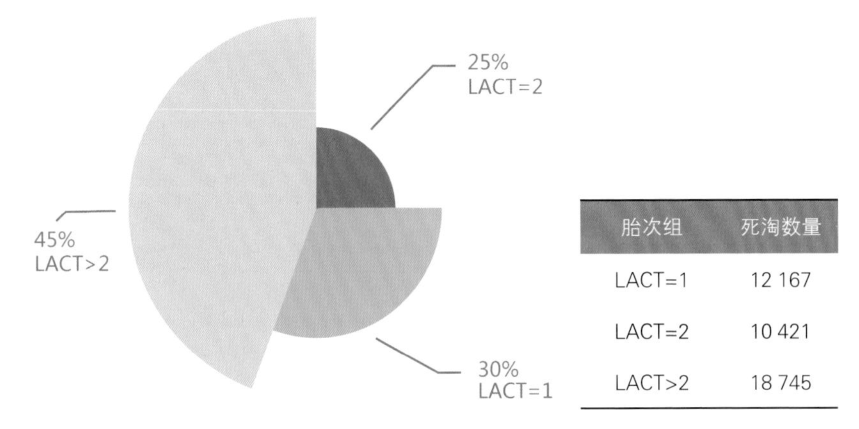

图4.2 不同胎次组死淘牛只数量占比情况（n=41 333）

Fig. 4.2 Proportion of culling in different lactation（n=41 333）

对41 333条死淘记录按死淘原因进行统计（图4.3），可见占比最高的3种死淘原因为低产（占比13%）、不孕症（7%）与乳房炎（6%），图4.3及表4.1中列出死淘原因占比最高的10种原因，剩余其他原因占比51%。

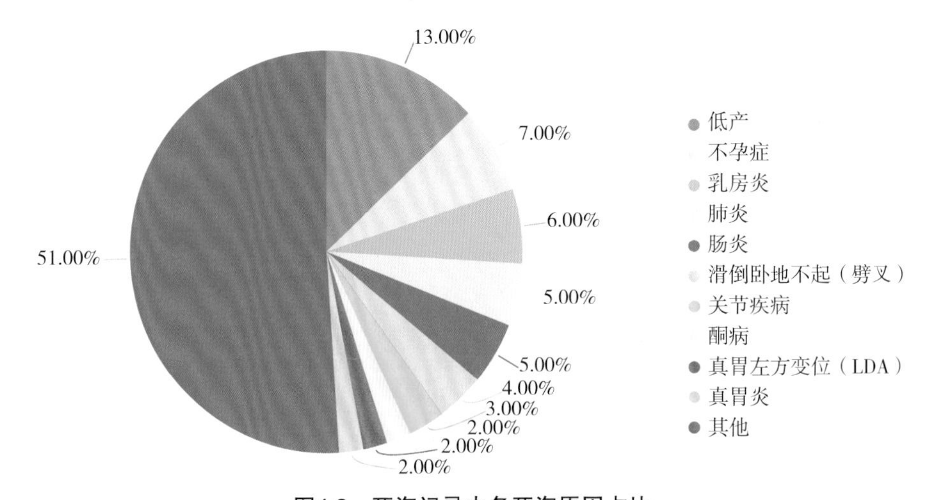

图4.3 死淘记录中各死淘原因占比

Fig. 4.3 Proportion of factors effect on culling

表4.1 死淘原因中占比最高的10种死淘原因数量及占比

Tab. 4.1 Number and proportion of the top 10 reasons for culling

序号	死淘原因	死淘牛数（头）	占比（%）
1	低产	5 455	13

（续表）

序号	死淘原因	死淘牛数（头）	占比（%）
2	不孕症	3 048	7
3	乳房炎	2 458	6
4	肺炎	2 052	5
5	肠炎	1 909	5
6	滑倒卧地不起（劈叉）	1 579	4
7	关节疾病	1 269	3
8	酮病	834	2
9	真胃左方变位（LDA）	801	2
10	真胃炎	708	2
11	其他	21 220	51
合计		41 333	100

对于41 333条死淘数据，我们对其中主要的淘汰原因与死亡原因进行分类统计（图4.4，图4.5），可见主要的死亡原因为肺炎（8.1%）、肠炎（7.3%）、乳房炎（6.5%），主要的淘汰原因为低产（16.5%）、不孕症（9.2%）、乳房炎（5.7%）。

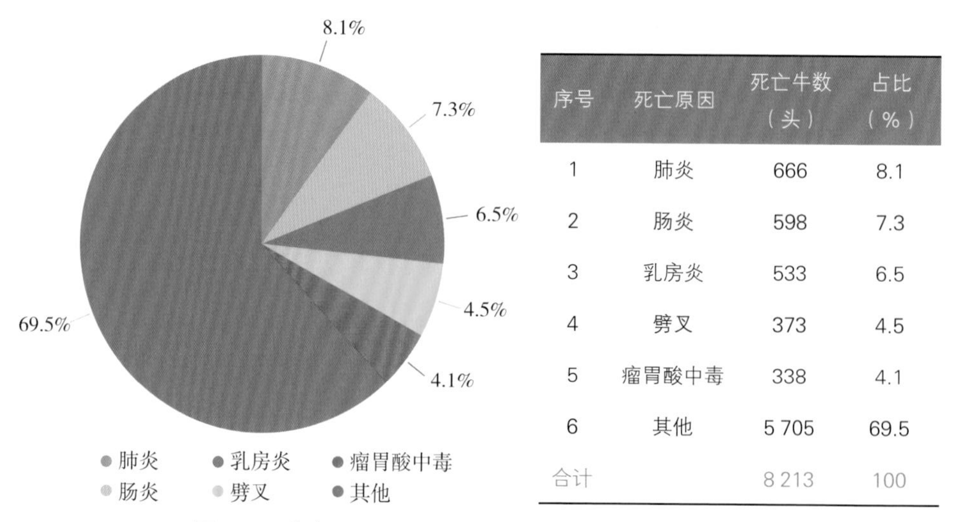

序号	死亡原因	死亡牛数（头）	占比（%）
1	肺炎	666	8.1
2	肠炎	598	7.3
3	乳房炎	533	6.5
4	劈叉	373	4.5
5	瘤胃酸中毒	338	4.1
6	其他	5 705	69.5
合计		8 213	100

图4.4 5种主要死亡原因牛头数及占比统计（*n*=8 213）

Fig. 4.4 Statistics of the number and proportion of cows with five main causes of death（*n*=8 213）

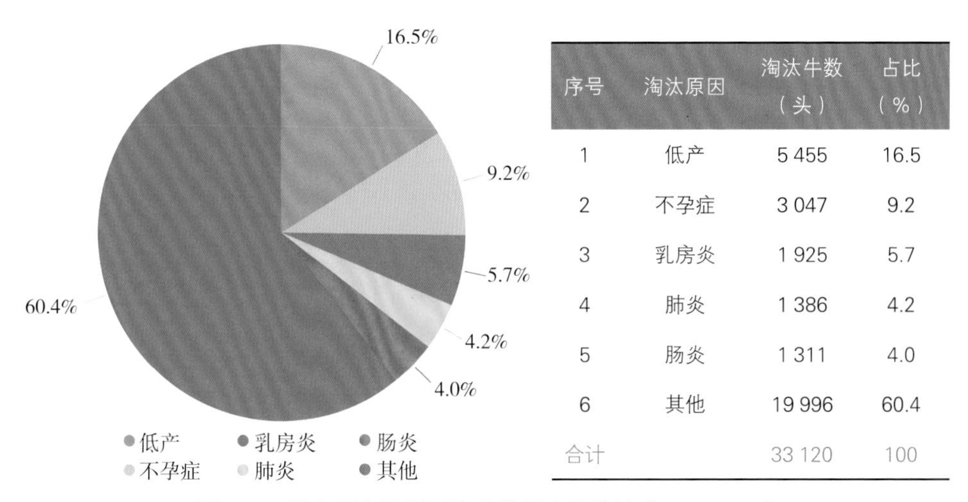

序号	淘汰原因	淘汰牛数（头）	占比（%）
1	低产	5 455	16.5
2	不孕症	3 047	9.2
3	乳房炎	1 925	5.7
4	肺炎	1 386	4.2
5	肠炎	1 311	4.0
6	其他	19 996	60.4
合计		33 120	100

图4.5　5种主要淘汰原因牛头数及占比统计（*n*=33 120）

Fig. 4.5　Statistics of the number and proportion of five main reasons on culling（*n*=33 120）

第二节　产后60d死淘率

通常泌乳牛在产后第6～12周达到泌乳高峰期，牛只健康的度过产后60d对于奶牛利用价值最大化具有重要的意义，所以成功的产后牛管理策略对于牛群盈利具有重要的意义。产后60d死淘率即为评价产后健康管理方案是否成功的重要指标。产后60d死淘率，即牛只产犊后60d内的死淘比例，计算方法如下。

$$\text{产后60d死淘率（\%）}=\frac{\text{产犊牛产后60（}\leqslant 60\text{）d内死淘事件数}}{\text{产犊牛事件总数}}\times 100$$

在死淘数据统计中，我们已经可以看到，产后60d死淘牛只占全部成母牛死淘头数的约30%，我们对以上104个牧场过去一年的产后60d死淘率进行统计分析（图4.6），可见产后60d死淘率最高为16.7%，最低为0.3%，平均值及中位数均为7.9%，四分位数范围5.3%～10.8%（50%最集中牧场的分布情况），基本符合正态分布的趋势。死亡率最高为14.3%，最低为0，中位数2.2%，平均值为2.7%，四分位数范围1.3%～3.7%（50%最集中牧场的分布情况）；淘汰率最高为15.5%，最低为0%，中位数为4.8%，平均数为5.2%，四分位数范围3.2%～6.5%（50%最集中牧场的分布情况）。

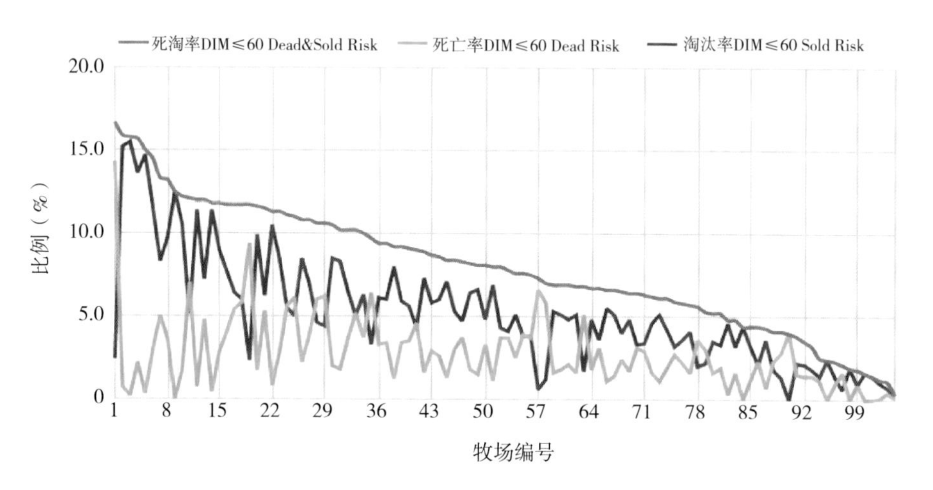

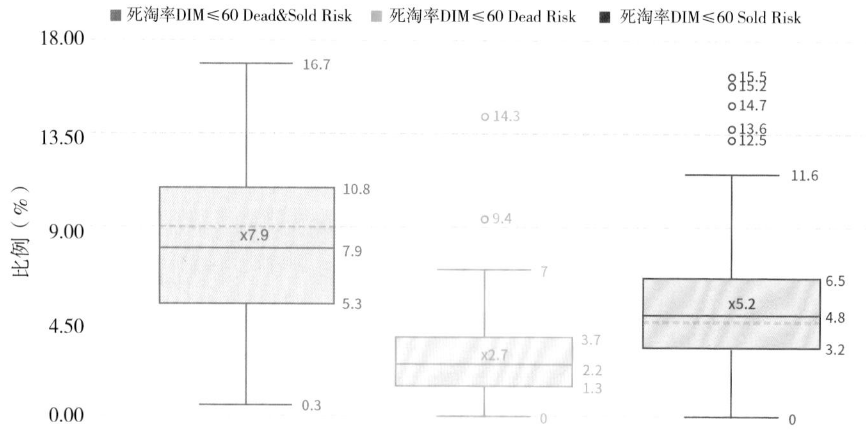

图4.6　各牧场产后60d死淘率分布情况（*n*=104）

Fig. 4.6　Distribution of death rate in 60 DIM（*n*=104）

对产后60d内的死淘原因进行统计，可见最主要的几个原因包括：乳房炎、肠炎、产后瘫痪、酮病和肺炎，后面的章节我们将对乳房炎单独进行分析。

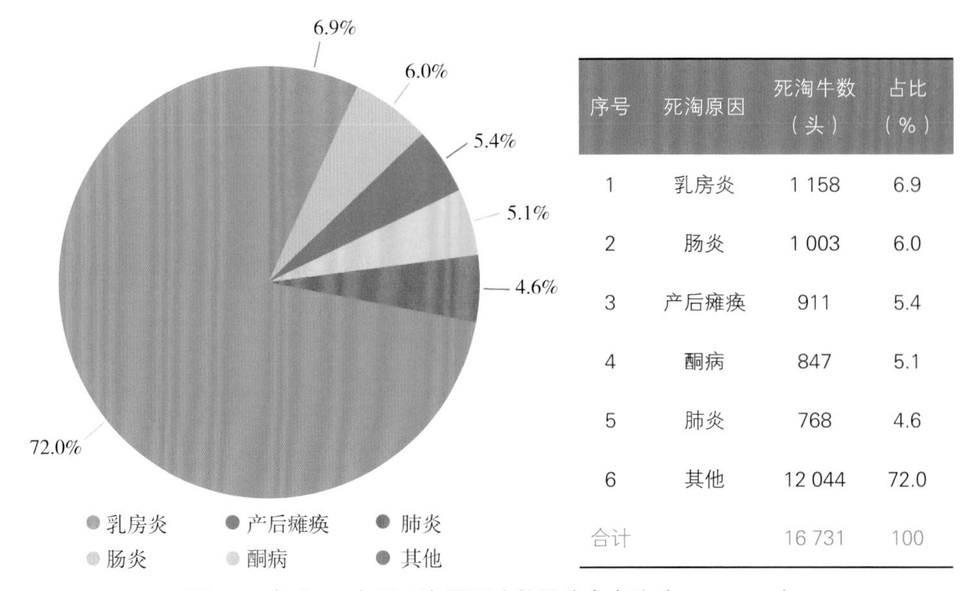

序号	死淘原因	死淘牛数（头）	占比（%）
1	乳房炎	1 158	6.9
2	肠炎	1 003	6.0
3	产后瘫痪	911	5.4
4	酮病	847	5.1
5	肺炎	768	4.6
6	其他	12 044	72.0
合计		16 731	100

图4.7　产后60d主要死淘原因头数及分布占比（*n*=16 731）

Fig. 4.7　Number and distribution proportion of the main causes of culling in 60 DIM（*n*=16 731）

第三节　年度乳房炎发病率

众所周知，乳房炎是一种关于乳腺感染的疾病。乳房炎是造成奶牛养殖业经济损失最大的疾病，美国国家乳房炎防治委员会十年前统计因乳房炎平均每年每头奶牛损失超过200美元，乳房炎引起的损失占牛奶生产过程中损失的70%，这还不包括治疗费、抗奶丢弃、治疗人力成本、淘汰牛和死亡牛。乳房炎的高发病率主要归咎于管理不完善、挤奶程序不合理及对产奶量不断的追求。

计算乳房炎发病率时，我们区分统计了成母牛乳房炎发病率及泌乳牛乳房炎发病率。成母牛乳房炎发病率为过去一年乳房炎事件登记头数/过去一年成母牛平均饲养头日数；泌乳牛乳房炎发病率为过去一年泌乳牛乳房炎事件登记头数/过去一年泌乳牛平均饲养头日数。计算过程中，同一牛只在同一胎次多次发病算一头，同一牛只在不同胎次发病时算两头。

因各牧场对健康数据记录的完善程度参差不齐，我们统计剔除了过去一年未做健康记录的牧场，最后共获得86个可供分析的牧场，对这些牧场的年度乳房炎发病率进行统计（图4.8），可见成母牛乳房炎发病率最高的牧场高达69.3%，最低1.3%，中位数14%，平均值17.5%，四分位数范围6.9%～26.2%（50%最集中牧场的分布情况）；泌乳牛乳房炎发病率最高79.9%，最低1.7%，中位数15.9%，平均值19.7%，四分位数范围7.6%～29.7%（50%最集中牧场的分布情况）。86个牧场当中，有两个牧场成母牛乳房炎发病率大于泌乳牛乳房炎发病率，发生这种情况是由于干奶时或者干奶后有乳房炎揭发，发生这种情况也反映出牧场存在泌乳期乳房炎揭发的滞后性问题。

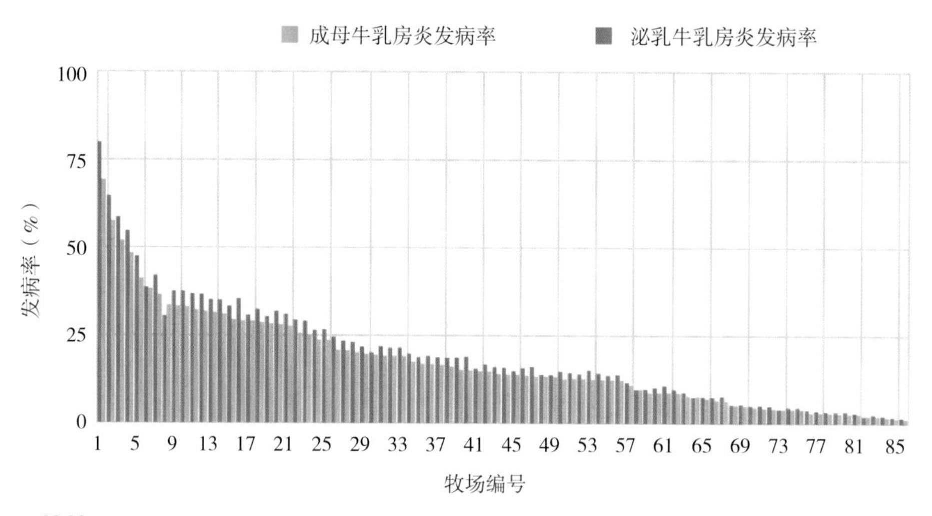

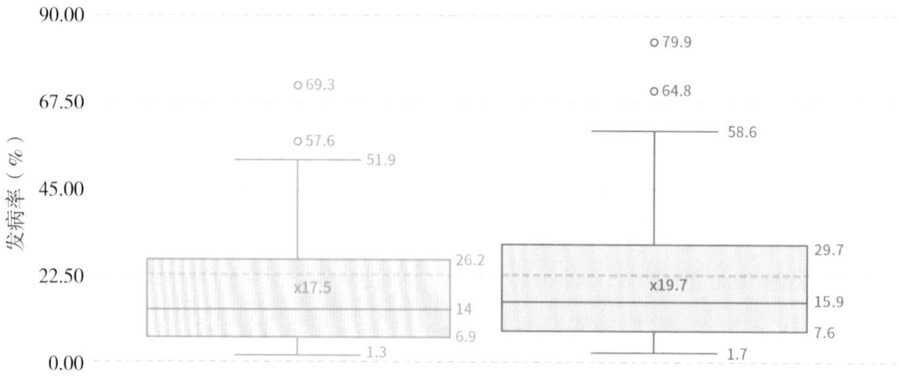

图4.8　牧场年乳房炎发病率分布情况统计（*n*=86）

Fig. 4.8　Distribution of annual mastitis rate（*n*=86）

第四节　产后代谢病发病率

在妊娠阶段，母牛要供给犊牛所需要的一切营养物质，所以自身会保持很高的各种激素水平，并且有可能动用自身的营养物质，这就抑制了母牛自身的防御体系，而产犊时母牛又可能消耗大量能量，就可能产生各种应激情况，随之而来的就是可能发生各种代谢性疾病，常见的包括胎衣不下、子宫炎、酮病、产后瘫痪、真胃移位等。

产后代谢病发病率的计算方法如下。

$$产后代谢病发病率（\%）=\frac{产后30d（\leqslant 30d）对应疾病事件登记头数}{过去一年产犊事件总数}\times 100$$

注：同一牛只在同一胎次多次发病算一头，同一牛只在不同胎次发病时算两头。

排除数据为0的牧场，对于过去一年各产后代谢病的发病率进行统计，统计结果如图4.9及表4.2所示。结果可见，中国牧场牛只产后有更高的风险发生胎衣不下及子宫炎的情况。

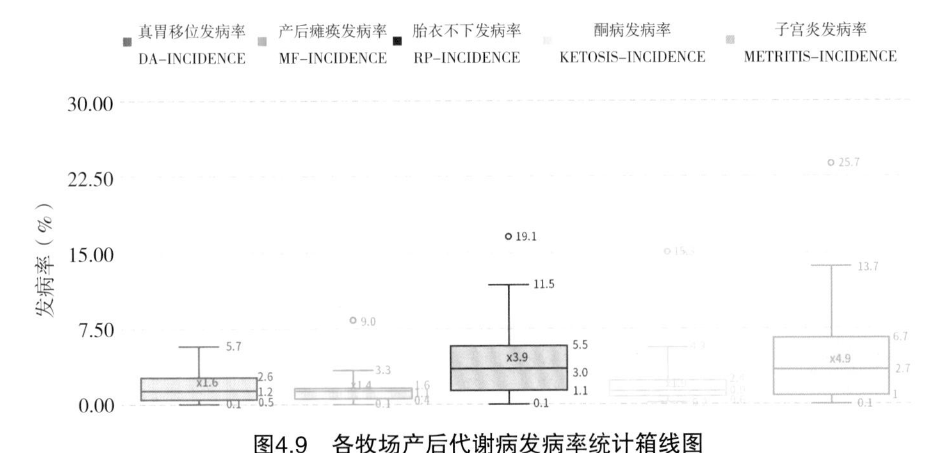

图4.9　各牧场产后代谢病发病率统计箱线图

Fig. 4.9　Statistical box plot of incidence of Postpartum Metabolic Diseases in farms

表4.2　各牧场产后代谢病发病率统计结果

Tab. 4.2　Statistical results of incidence of Postpartum Metabolic Diseases in different farms

	牧场数量（个）	最大值	最小值	中位数	平均数（%）
真胃移位发病率 DA-INCUDENCE	60	5.7	0.1	1.2	1.6
产后瘫痪发病率 MF-INCIDENCE	62	9.0	0.1	1.1	1.4
胎衣不下发病率 RP-INCIDENCE	72	19.1	0.1	3.0	3.9
酮病发病率 KETOSIS-INCIDENCE	60	15.3	0.2	0.9	1.9
子宫炎发病率 METRITIS-INCIDENCE	66	25.7	0.1	2.7	4.9

第五节　平均干奶天数及围产天数

干奶天数，定义为牛只从干奶到产犊时所经历的天数；围产天数，定义为牛只从进围产到产犊时的天数。成功分娩和实现奶牛价值最大化的关键在于干奶期的成功饲养，其中围产期则起着更加重要的决定性作用。为保证奶牛有足够的营养物质供给犊牛发育，需保证奶牛足够长的干奶期及围产期，所以通常需要牧场持续监测及评估牛群的干奶天数及围产天数，这些指标通常可以反映出牛群围产期管理的好坏并与牛群产后的健康状况显著相关。理想的干奶天数为60d左右，围产天数为21d左右，希望更多的牛只分布在这个范围当中。由于平均值的局限性，所以平均值仅作为参考，对于不同牛群之间的比较，平均值也仅可作为参考，如果想更好地评估干奶天数或者围产天数是否合理，应该深入查看牛群的围产天数分布范围情况（图4.10）。

统计各牧场平均干奶天数为例（图4.11）当平均干奶天数过长时，通常是由于牧场存在较多的非正常干奶牛，导致统计数字偏大，而当平均干奶天数过短时，通常是由于牧场存在较大比例的流产或者早产牛只。

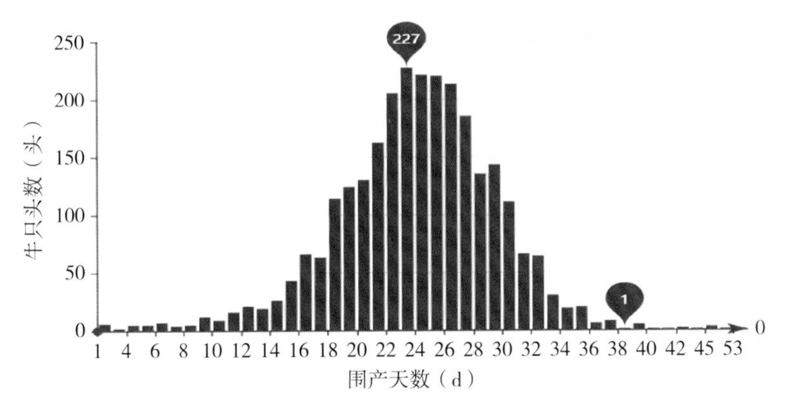

围产天数分布模式A

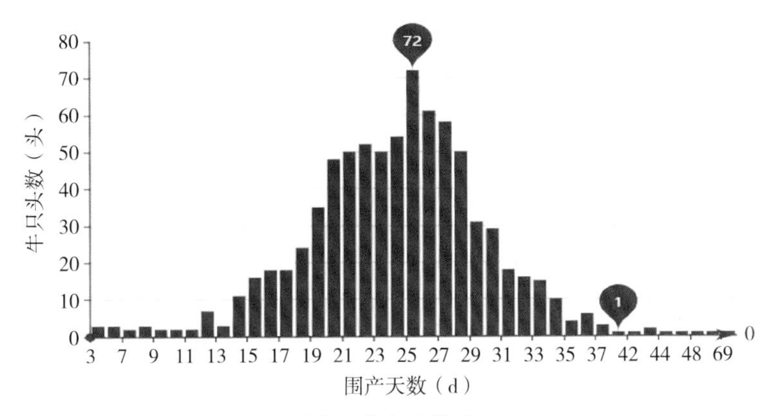

围产天数分布模式B

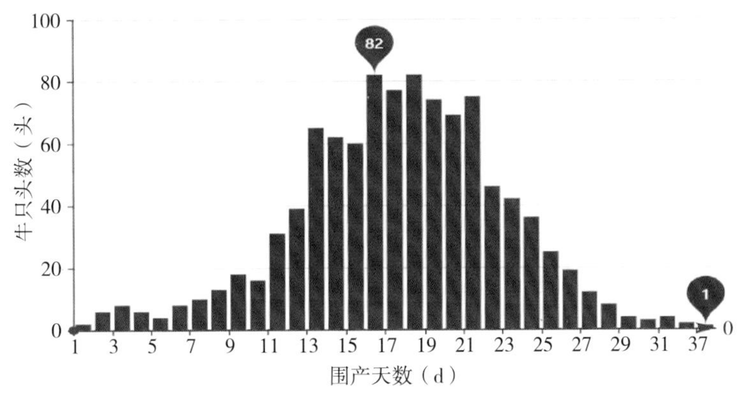

围产天数分布模式C

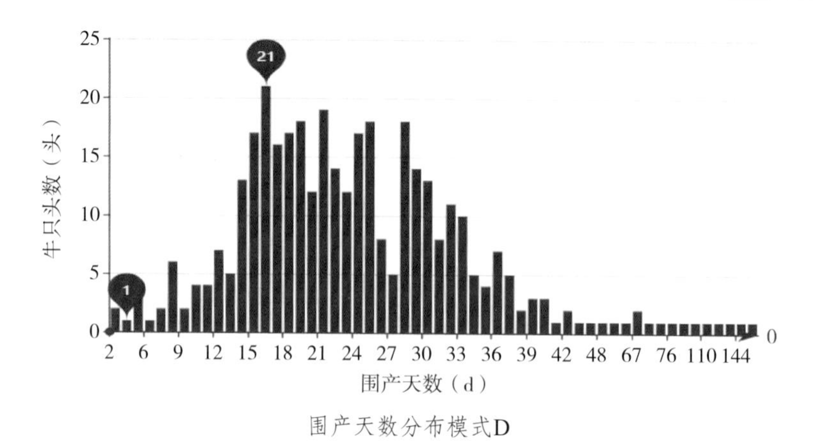

围产天数分布模式D

图4.10　几种不同的围产天数分布模式

Fig. 4.10　Several different close-up distribution patterns

注：A、B理想的围产天数分布情况；C、D不理想的围产天数分布情况

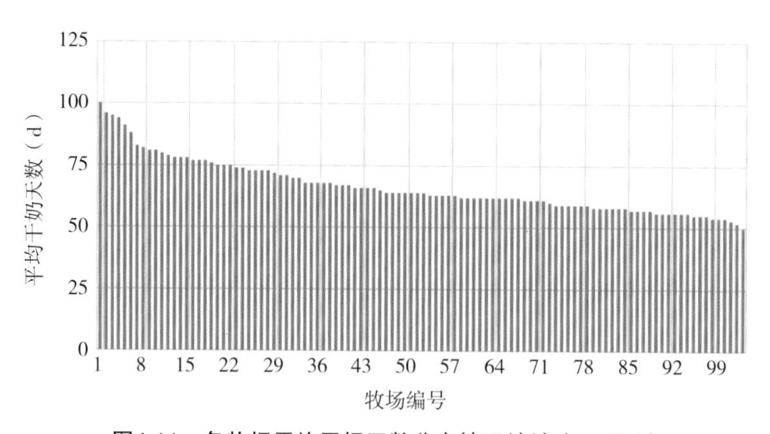

图4.11　各牧场平均干奶天数分布情况统计（*n*=104）

Fig. 4.11　Distribution of average dry days in each farms（*n*=104）

第六节　流产率

流产，或称妊娠损失（Pregnant loss），是由于胎儿或者母体的生理过程发生扰乱，或它们之间的正常关系受到破坏，而使怀孕中断，一般指怀孕42～260d的妊娠中断、胎儿死亡。

成母牛流产率，计算方法为过去一年成母牛流产事件数/成母牛平均怀孕头数（不包括复检空怀）。青年牛流产率，计算方法为过去一年青年牛流产事件数/成母牛平均怀孕头数（不包括复检空怀）。对110个牧场过去一年各牧场的成母牛流产率及青年牛流产率进行统计，结果如图4.12所示。成母牛流产率最高为71.3%，最低为1.7%，平均值为20.1%，中位数为16.5%，四分位数范围9.8%～26.3%（50%最集中牧场的分布情况）；青年牛流产率最高为80.6%，最低为0%，平均值为14.2%，中位数为9.7%，四分位数范围5.5%～17%（50%最集中牧场的分布情况）。

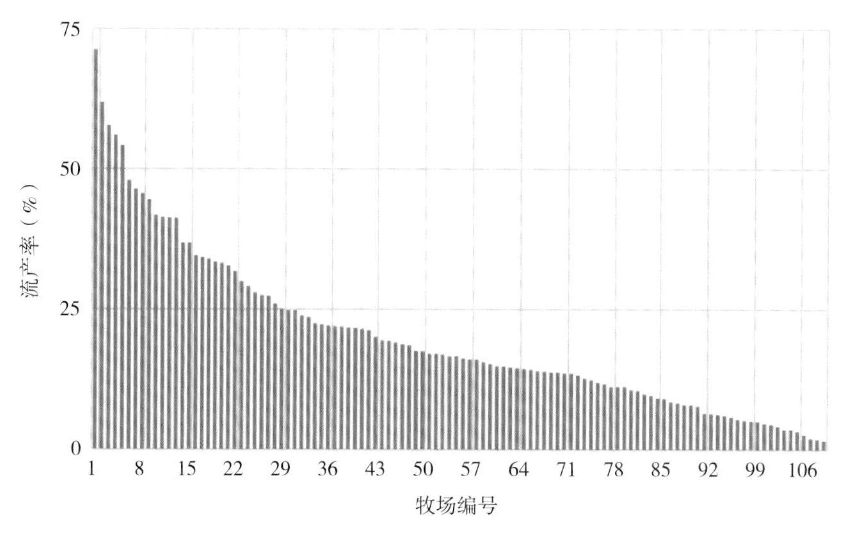

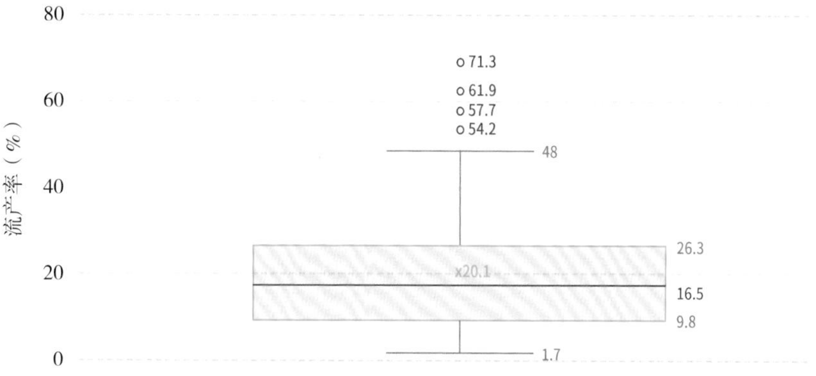

图4.12　牧场成母牛流产率分布情况统计（*n*=110）

Fig. 4.12　Distribution of abortion rate of cows in farms（*n*=110）

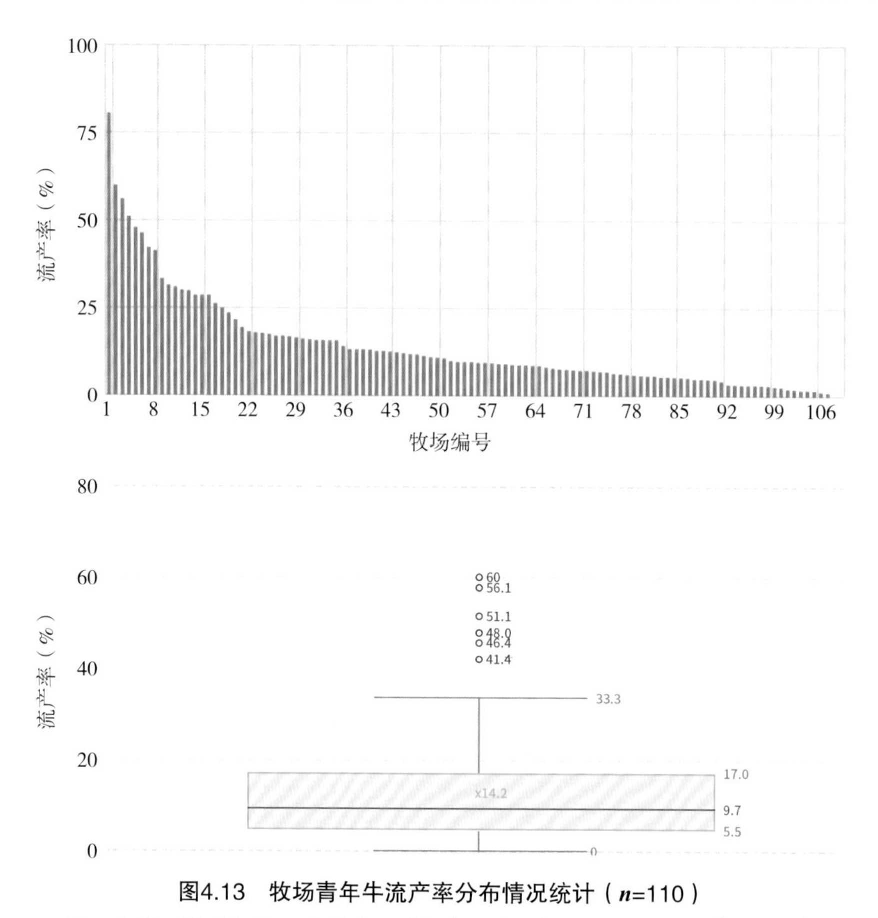

图4.13　牧场青年牛流产率分布情况统计（n=110）

Fig. 4.13　Distribution statistics of heifer abortion rate in farms（n=110）

第五章 后备牛关键繁育性能现状

后备牛是牧场的未来，后备牛繁育表现好坏，决定了牧场的成母牛群能否得到及时的补充，并且后备牛繁育效率的高低直接决定了牧场的后备牛成本。本章对后备牛繁殖管理中常见的指标，诸如：21d怀孕率、配种率、受胎率、孕检怀孕率、平均首配日龄、平均受孕日龄、17月龄未孕比例等指标分别进行了统计分析及说明。

第一节 青年牛21d怀孕率

排除没有后备牛及后备牛资料不全的牧场，对截至当前过去一年113个牛群的青年牛21d怀孕率进行统计汇总，其分布情况如图5.1所示。平均值为21.7%，中位数为20%，四分位数范围15.5%～27%（50%最集中牧场的分布情况）与2018年度（怀孕率平均值为22%，中位数为20%）基本持平。

对不同规模牧场的青年牛21d怀孕率表现进行分组统计分析（表5.1），可以看到，几个全群规模分组中，青年牛怀孕率变化情况与成母牛基本一致，牧场规模越大，平均怀孕率水平则越高，组内不同牧场间的差异也越小，反映出大型牧场相对完善的繁育流程与相对标准的操作规程和一线执行能力。当然，同时也可以看出小牧场较大的繁育提升空间。

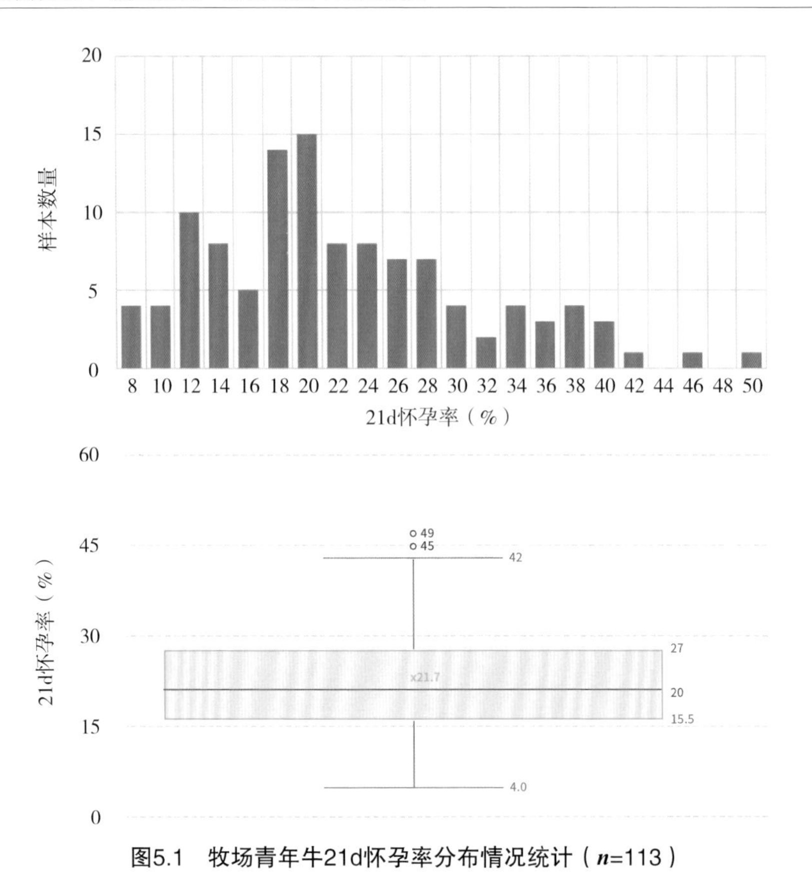

图5.1　牧场青年牛21d怀孕率分布情况统计（n=113）

Fig. 5.1　Distribution statistics of 21-day pregnancy rate of heifer in farms（n=113）

表5.1　不同群体规模牧场青年牛21d怀孕率统计结果（n=113）

Tab. 5.1　Statistical result of 21-day pregnancy rate of heifers in different farms（n=113）

全群规模（头）	牧场数量（个）	牧场数量占比（%）	平均值	中位数	最大值	最小值
<1 000	33	29	18.1	19	32	4
1 000～1 999	46	41	19.9	19	40	5
2 000～4 999	18	16	23.7	22.5	40	9
≥5 000	16	14	32.1	35	49	13
总计	113	100	21.7	20	49	4

第二节　青年牛配种率

对截至当前过去一年113个牛群的青年牛配种率进行统计汇总，其青年牛配种率分布情况如图5.2所示。平均值为39.4%，中位数为38%，最大值为79%，最小值为5%，四分位数范围26%～54%（50%最集中牧场的分布情况）。结果可见牛群之间青年牛配种率范围为5%～79%，牧场之间的差异巨大，表现出青年牛繁育管理得不完善与巨大提升空间。配种率超过70%的共有10个牧场，这10个牧场的平均怀孕率可达40%，高配种率为高怀孕率提供了保障。特别指出的是在这10个牧场中，配种率最高的牧场其怀孕率却是最低的（配种率为79%，受胎率为47%，怀孕率为31%），分析其原因，提示后备牛管理中，需要注意后备牛繁殖方案与成母牛并非完全一致，如果使用与成母牛同样的同期配种方案（0-7-9方案），其最终效果并未达到最理想状态。

对不同规模群体的青年牛配种率表现进行分组统计（表5.2），可以看到，几个全群规模分组中，牧场规模越大，平均配种率水平则越高，组内不同牧场间的差异也越小。这个结果与怀孕率表现情况基本一致，同样反映出大型牧场相对完善的繁育流程与相对标准的操作规程。各分组配种率最大值反映出，优秀的配种率表现与群体规模并无显著关系，任何规模的群体均可取得优秀的配种率表现。

表5.2　不同群体规模牧场青年牛配种率统计结果（*n*=113）

Tab. 5.2　Statistical result of the service rate of heifers in different scale farms（*n*=113）

全群规模（头）	牧场数量（个）	牧场数量占比（%）	平均值	中位数	最大值	最小值
<1 000	33	29	32.1	34	67	5
1 000～1 999	46	41	36	32	71	9
2 000～4 999	18	16	44.9	44	79	13
≥5 000	16	14	60.4	62.5	78	30
总计	113	100	39.7	38	79	5

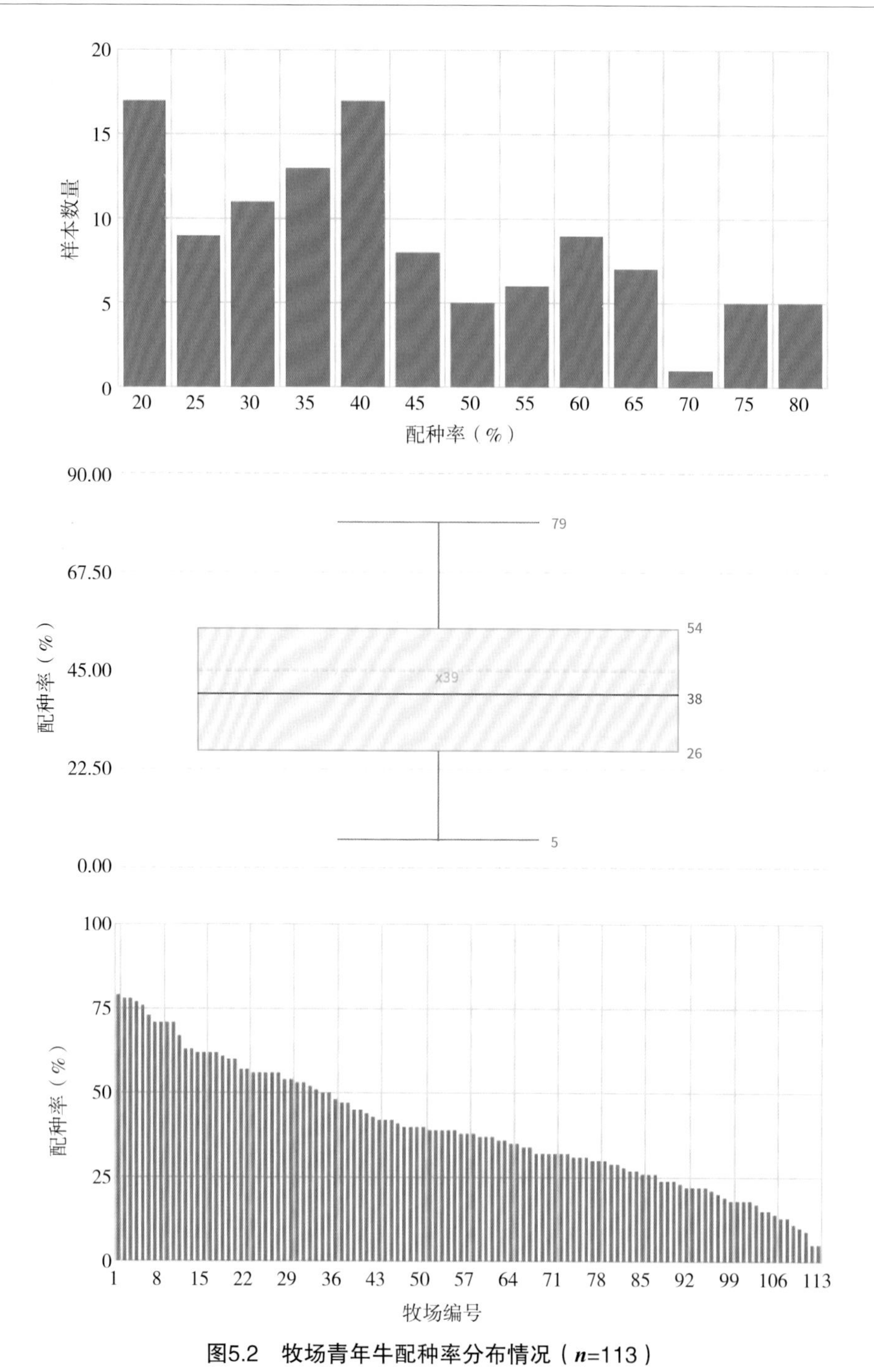

图5.2　牧场青年牛配种率分布情况（*n*=113）

Fig. 5.2　Distribution of service rate of heifers in farms（*n*=113）

第三节　青年牛受胎率

113个牧场中，我们剔除掉10个后备牛配种数据不全牧场的青年牛受胎率指标，剩余103个牧场当中，其受胎率分布情况如图5.3所示。所有牧场中，受胎率最高为83%，最低为37%，平均为56.2%，中位数为56%，四分位数范围51%～62%（50%最集中牧场的分布情况）。图中可以看出，受胎率表现的分布情况基本近似正态分布，以2%距离作为横坐标进行统计，可见最多的牧场受胎率分布于53%～55%，青年牛相对较高的受胎率，为青年牛取得高怀孕率成为了可能（青年牛怀孕率最高的牧场可达49%）。通过统计数据可见，当一个牧场同时拥有超过55%的受胎率及超过60%的配种率时，基本可以保证青年牛群超过35%的怀孕率。

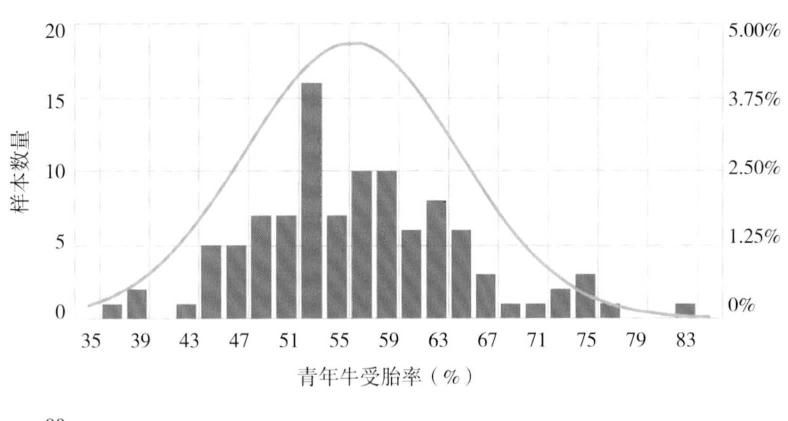

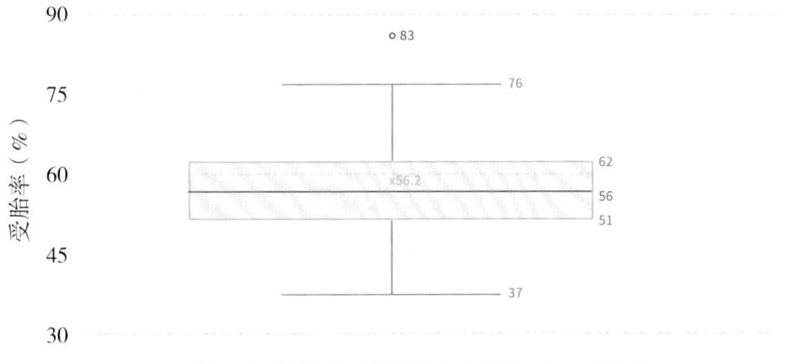

图5.3　青年牛受胎率分布情况（n=103）

Fig. 5.3　Distribution of conception rate of heifers in farms（n=103）

对不同群体规模的青年牛受胎率表现进行分组统计（表5.3），可以看到不同规模分组的平均受胎率并无显著差异，表明后备牛怀孕率的高低最主要的因素为配种率的差异。同时通过数据可以反映出，规模越大的牧场，组内的差异相对越小，反映出大型牧场相对规范的繁育操作流程。

表5.3　不同规模群体的受胎率表现（n=103）

Tab. 5.3　Performance of conception rate of heifers in different scale farms（n=103）

全群规模（头）	牧场数量（个）	牧场数量占比（%）	平均值	中位数	最大值	最小值
<1 000	27	26.213	58.2	58	83	37
1 000～1 999	43	41.748	56.4	57	76	39
2 000～4 999	17	16.505	54.4	55	67	44
≥5 000	16	15.534	54.5	53.5	66	44
总计	103	100.000	56.2	56	83	37

第四节　平均首配日龄

青年牛平均首配日龄可反映出牧场后备牛饲养情况及首次配种的策略，计算方法为截至当日青年牛中所有有配种记录的平均首配日龄。剔除掉后备牛出生日期不正确及后备牛繁育数据不全的牧场，对剩余105个牧场的平均首配日龄进行统计（图5.4）。结果可见所有牧场的平均首配日龄平均为436d，中位数432d，换算为月龄约为14.3月龄进行首次配种，四分位数范围410～457d（为13.5～15月龄）。

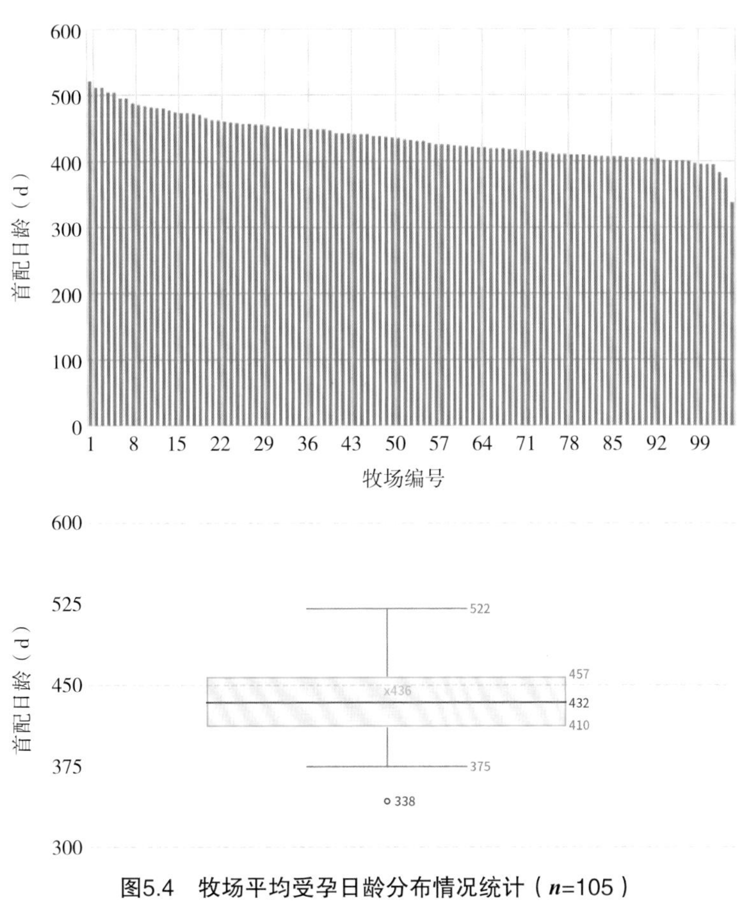

图5.4　牧场平均受孕日龄分布情况统计（n=105）

Fig. 5.4　Distribution of average age of first service in farms（n=105）

第五节　平均受孕日龄

青年牛平均受孕日龄可用来反映牧场已孕后备牛群的繁殖效率以及对于首次产犊时日龄的影响，计算方法为所有在群怀孕后备牛怀孕时日龄的平均值。对105个牧场的平均受孕日龄进行统计（图5.5），结果可见所有牧场的平均受孕日龄平均为471d（15.5月龄），中位数459d（15.1月龄），四分位数范围439 ~ 504d（为14.4 ~ 16.6月龄）。

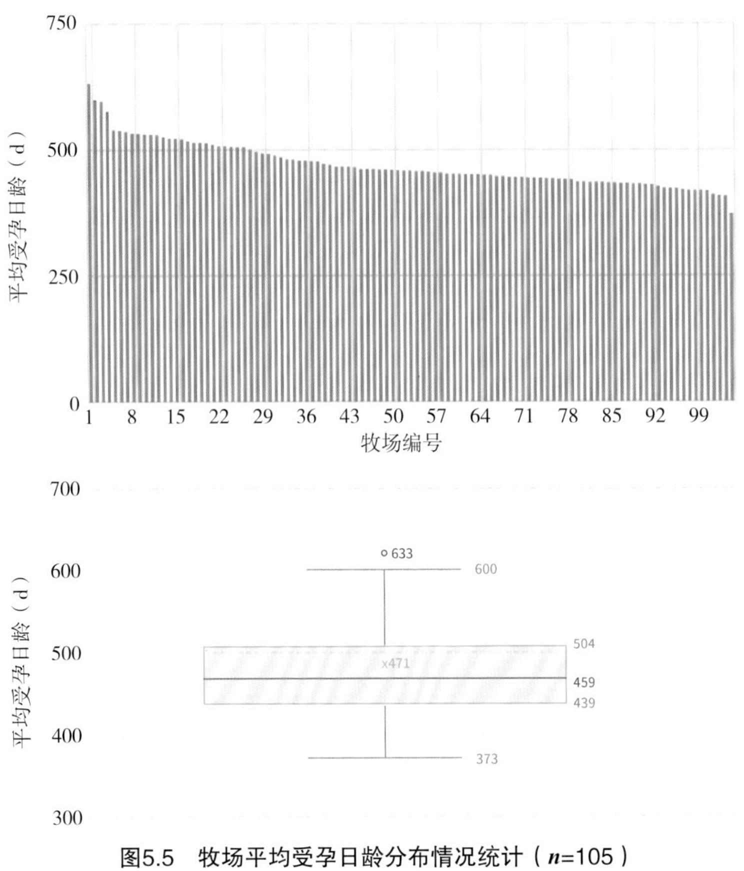

图5.5 牧场平均受孕日龄分布情况统计（*n*=105）

Fig. 5.5 Distribution of average conception age in farms（*n*=105）

第六节 17月龄未孕占比

通过对平均受孕日龄的统计可以看出，分布最密集的50%牧场平均受孕日龄在439～504d（为14.4～16.6月龄），所以我们可以依据这部分样本推算：一个盈利能力处于平均水平的牧场，其在17月龄时，大多数青年牛牛群应当都处于怀孕状态，超过17月龄未怀孕的比例即可认为是繁育问题牛群比例或繁殖方案不理想的评估标准，17月龄未孕比例的计算方法如下。

$$17\text{月龄未孕比例（\%）}=\frac{\geqslant 17\text{月龄未孕牛只总数}}{\geqslant 7\text{月龄牛只总数}}\times 100$$

注：此处月龄计算时我们取值取了牛只自然月龄。

对截至当前105个牧场的17月龄未孕占比进行统计（图5.6），结果显示平均17月龄未孕占比为18.6%，中位数14%，四分位数范围6.5%～24.5%（50%最集中牧场的分布情况）。

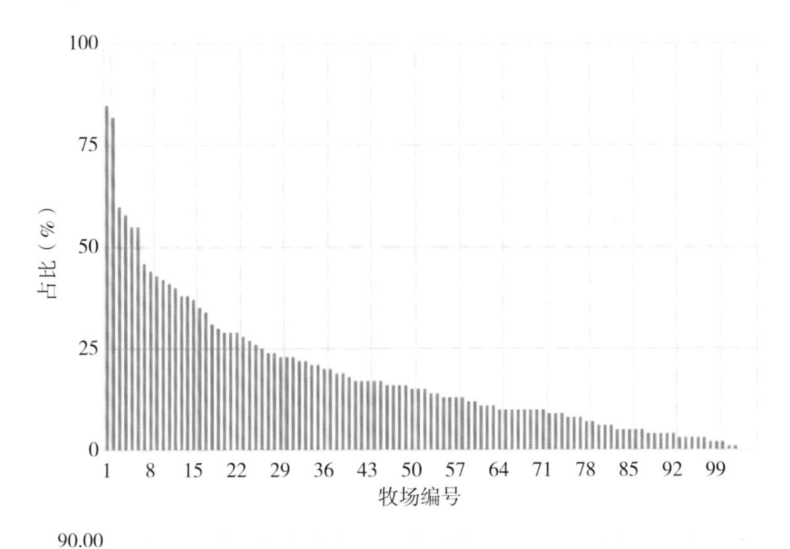

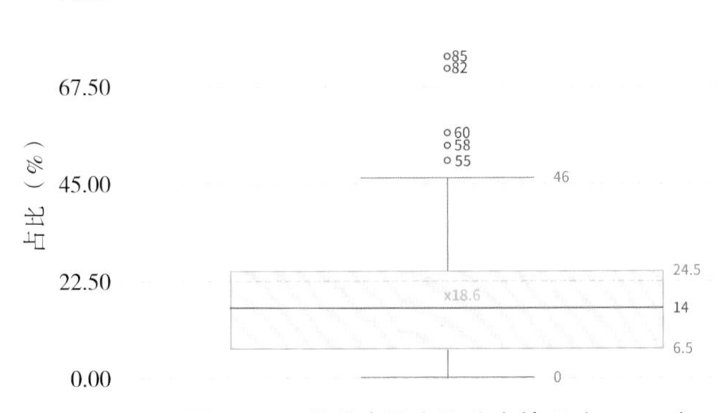

图5.6　17月龄未孕占比分布情况（*n*=105）

Fig. 5.6　Distribution of the proportion of 17-month-old non-pregnant of heifers in farms（*n*=105）

第六章 犊牛关键生产性能现状

管理水平不同的牧场犊牛管理水平有巨大差异，有些牧场进入犊牛区域之后，可以听到不间断咳嗽声，或者地面随处可见犊牛粪便，牛奶盆中不干净，或者可以见到苍蝇、犊牛精神萎靡等情况，均是犊牛饲养管理不佳的典型表现，较好的犊牛管理措施对牛只此后一生的生产表现都有重大影响。本章选取了几个犊牛饲养管理（包括产房的管理）中最关键的参考指标进行统计，包括60日龄死淘率，其中又对死亡率及淘汰率进行拆分；死胎率，其中进一步具体区分出头胎牛及经产牛死胎率差异；60日龄肺炎及腹泻发病率进行分享及参考说明。

第一节 60日龄死淘率

后备牛的损失，主要发生在哺乳犊牛阶段，牛只从出生到断奶阶段，处于正在建立自身免疫系统、完善消化系统以及适应外界自然环境的重要阶段，通常牛只顺利断奶后直到配种前，几乎不会发生死亡淘汰情况，所以哺乳犊牛饲养阶段就起着异常关键的作用，因为牛只出生后通常在55～70日龄进行断奶，所以我们以60日龄进行划分，假设60日龄以内牛只均处于哺乳犊牛阶段，并且重点针对60日龄犊牛的死淘情况进行追踪分析。对于犊牛死淘率的计算方法，通常包括基于月度饲养头数、基于月度出生头数或月度死亡头数3种计算方法，所以在评估该指标时，明确计算方法非常重要，可以保证我们与犊牛人员沟通时处于同一频道。

一牧云中根据数据可追溯及可挖掘的原则，60日龄死淘率计算方法基于犊牛出生日期，即当月出生的犊牛，在其超过60日龄前死淘的比例（因基于出生日期进行追踪，所以在统计该指标时，会有2个月的滞后性）。

具体的计算公式如下。

$$60日龄死淘率（\%）=\frac{过去一年留养母犊60日龄内死淘数}{过去一年产犊留养母犊总数}\times 100$$

在所有样本牧场中，剔除犊牛数据不完整牧场，对98个牧场过去一年的60日龄死淘率进行统计分析（图6.1），可见60日龄死淘率均值为15.2%，中位数为8.2%，四分位数范围4.6%～19.7%（50%最集中牧场的分布情况）；其中60日龄淘汰率均值为8.0%，中位数为1.6%，四分位数范围0%～7.8%（50%最集中牧场的分布情况）；60日龄死亡率均值为7.1%，中位数为5.3%，四分位数范围2.6%～8.0%（50%最集中牧场的分布情况）。统计结果中看出，60日龄死亡率及淘汰率，均处于一种偏态分布的形式，即多数牧场都处于较低的水平，但存在一部分牧场指标远超统计范围内的离群点，而这些离群点将平均值带到了较高水平。同时，根据箱线图统计结果可见，犊牛60日龄内的损失，死亡损失占比更高一些，淘汰牛只相比占比较低。

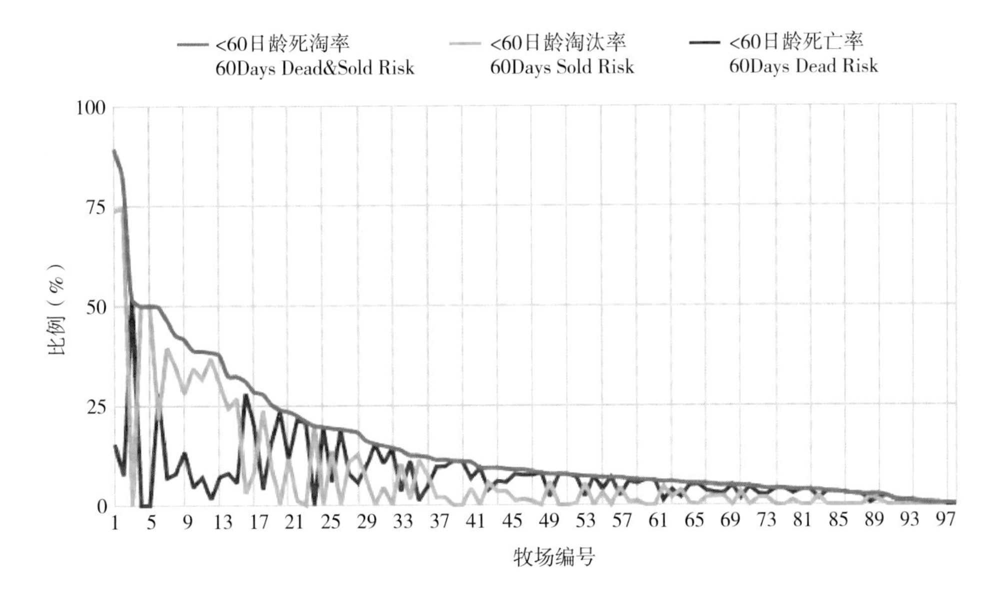

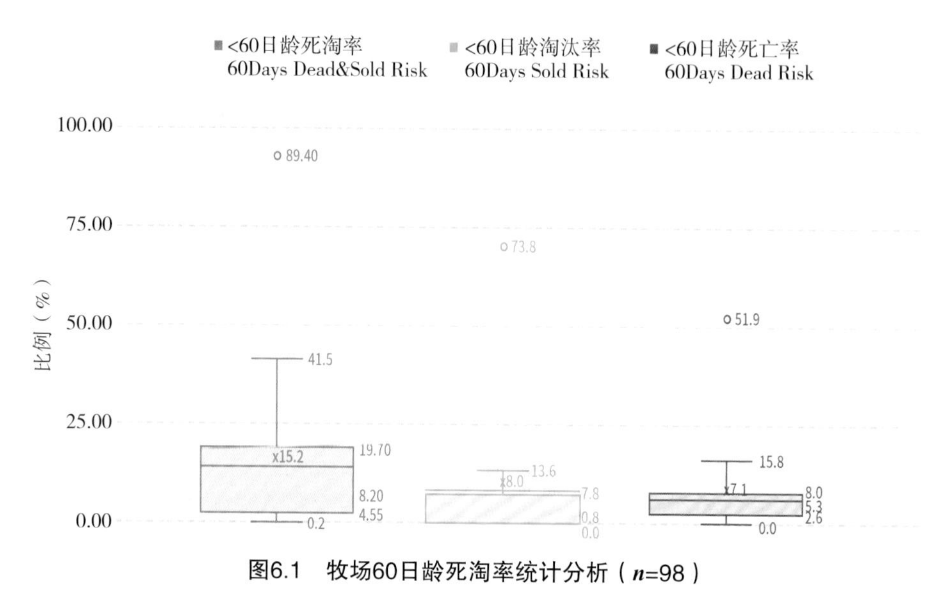

图6.1　牧场60日龄死淘率统计分析（n=98）

Fig. 6.1　Statistical analysis of 60-day cull rate of calves in farms（n=98）

第二节　死胎率

死胎率，即大牛产犊后，出生犊牛中出生状态即为死胎的比例。死胎率通常可反映的内容包括干奶期及围产期的饲养管理水平，产房的接产流程及接产水平。死胎率计算方法为所有出生犊牛中状态为死胎的比例。

对98个牧场的死胎率进行统计分析（图6.2），结果可见全群死胎率平均为14.8%，中位数为12%，四分位数范围7.5%～19%（50%最集中牧场的分布情况）；头胎牛死胎率平均为17.4%，中位数为14%，四分位数范围9%～22%（50%最集中牧场的分布情况）；经产牛死胎率平均为13.6%，中位数为10%，四分位数范围7%～16%（50%最集中牧场的分布情况）。统计结果表明，头胎牛死胎率相较经产牛死胎率平均高3.8%（17.4%比13.6%），提示实际饲养过程中，青年牛首次产犊前，要有更长的围产期停留时间，以及接产时更加高的关注度。

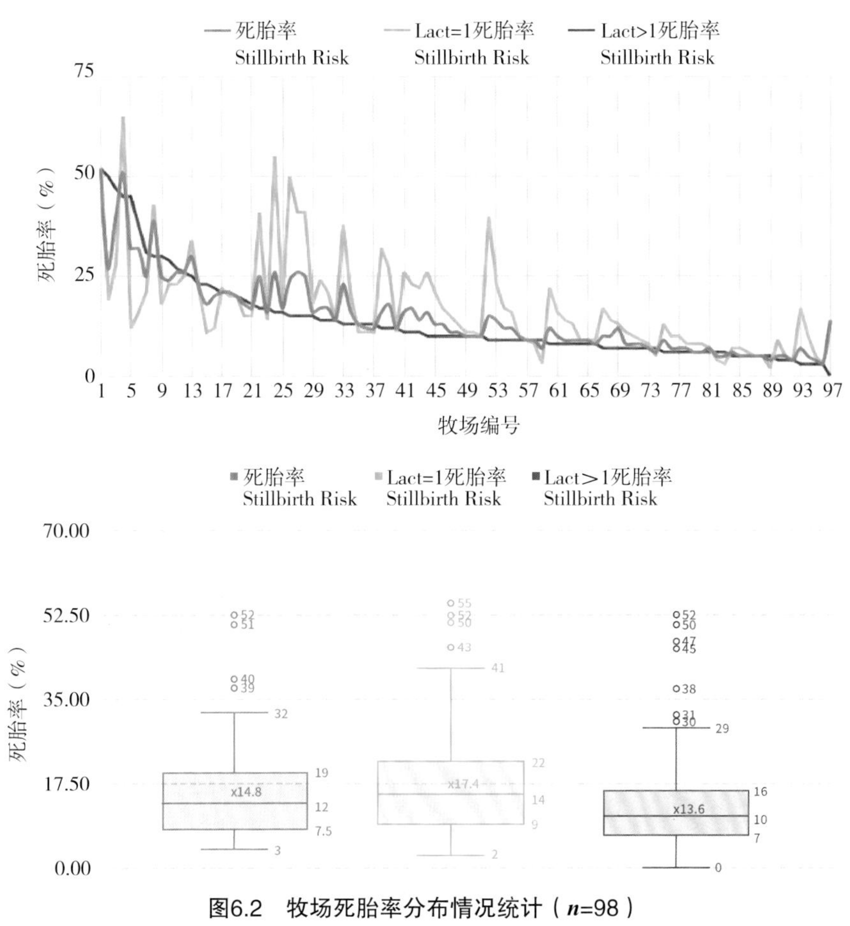

图6.2　牧场死胎率分布情况统计（*n*=98）

Fig. 6.2　Statistics of distribution of stillbirth rate in farms（*n*=98）

第三节　肺炎发病率

犊牛早期的疾病不仅影响小牛的福利、健康和生长，且额外的管理、治疗、生长速度减慢和死亡都会造成盈利的降低。有研究表明，有肺炎特征的犊牛，其犊牛期的存活率以及未来的繁殖性能和生产性能都会受到长期的负面影响。

60日龄肺炎发病率，计算方法如下：

$$60日龄肺炎发病率（\%）=\frac{过去一年留养母犊60d内登记肺炎发病数}{过去一年产犊留养母犊总数}\times 100$$

因为多数牧场疾病记录不完善，我们仅筛选得到48个有肺炎登记的牧场作为统计，其结果也仅供参考，实际发病率可能更高。统计结果表明，肺炎发病率平均为5.6%，中位数为2%，最大值为38.6%，最低为0.1%（图6.3）。

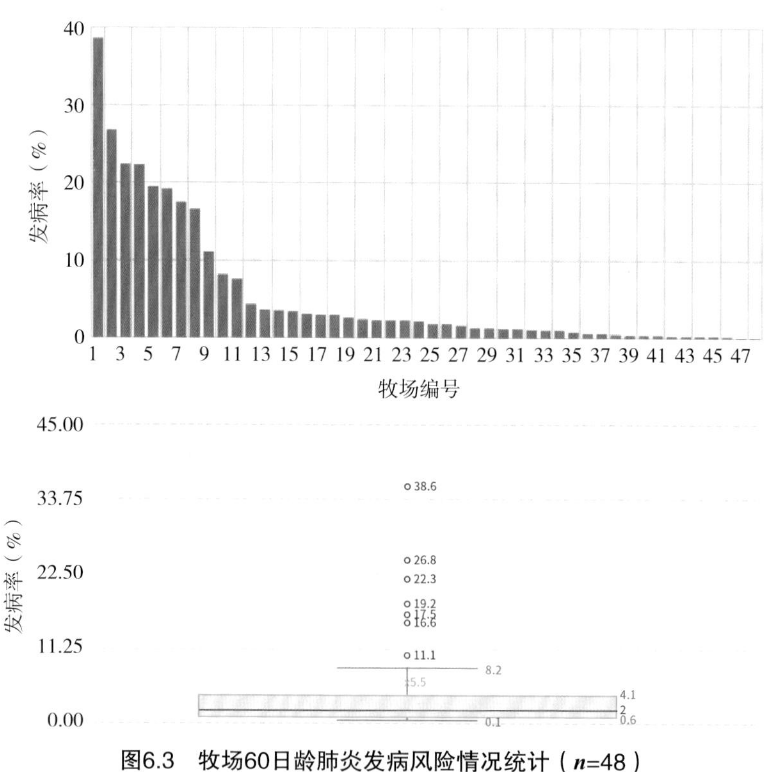

图6.3 牧场60日龄肺炎发病风险情况统计（n=48）

Fig. 6.3 Statistics of pneumonia rate in 60-day of calves in farms（n=48）

第四节 腹泻发病率

犊牛腹泻是奶牛场面临的最主要健康问题之一，也是导致犊牛死亡的重要原因之一。犊牛腹泻不是单一疾病，而是多种病因引发的临床症候群。犊牛腹泻主要发生在产后第一个月内，所以，关注犊牛腹泻发病率具有重要的意义。

60日龄犊牛腹泻发病率，计算方法如下。

$$60日龄腹泻发病率（\%）= \frac{过去一年留养母犊60日龄内腹泻发病数}{过去一年产犊留养母犊总数} \times 100$$

对有腹泻登记的47个牧场进行统计，其腹泻发病率统计情况如图6.4所示，可见腹泻发病率平均为14.9%，中位数为11.6%，最大值为56.9%，最小值为0.1%。

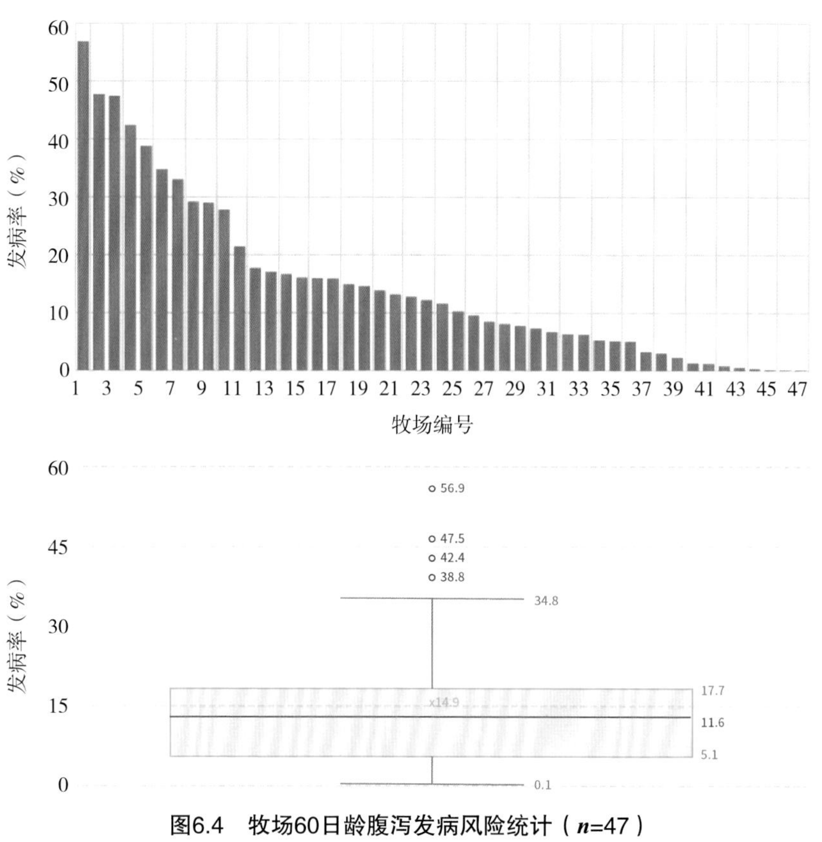

图6.4 牧场60日龄腹泻发病风险统计（*n*=47）

Fig. 6.4 Statistics of diarrhea rate in 60-day of calves in farms（*n*=47）

第七章 产奶关键生产性能现状

牧场的生产管理水平最终体现在牧场的产奶量表现，产奶量是牧场盈利能力及生产管理水平的最终评估标准。本章重点分析了各牛群的成母牛平均单产、泌乳牛平均单产、高峰泌乳天数及高峰产量之间的相互关系与分布情况。

第一节 平均单产

在奶牛场生产数据的统计过程中，产奶量的数据来源众多，主要包括手动测产（DHI测产）、自动化挤奶软件自动测产，以及每天奶罐记录到的总奶量，均可以用来计算牧场牛群单产。这里我们主要统计了人工计量的产奶量（DHI测试时手抄或者导出奶量）。对于平均单产的计算方式，在此也进行说明。

成母牛平均单产：所有泌乳牛的日产奶量总和，除以全群成母牛头数（注意包含干奶牛），这样计算的目的在于将牧场的整个成母牛群作为一个整体进行评估，因为干奶牛虽然不产奶，但其处于成母牛泌乳曲线循环内的固定一个环节，属于正常运营牧场成本的一部分，且其采食量基本等于成母牛的平均维持营养需要，计算成母牛平均单产的意义是全面评估牧场盈利能力。

泌乳牛平均单产：所有泌乳牛的日产奶量总和，除以全群泌乳牛头数，计算得到的为泌乳牛平均单产，泌乳牛平均单产主要反映出牛群在对应的泌乳天数是否能发挥其应有产奶潜能，同时也是反映牧场管理水平的重要指标（表7.1）。

从已有样本中，我们共筛选获得65个牧场有测产数据的导入与持续更新，对其产奶量数据进行统计，其分布情况如图7.1所示。结果可见成母牛平均单产的平均值为25.4kg，最高为36.1kg，泌乳牛平均单产的平均值为30kg，最高值为39.8kg。成母牛单产及泌乳牛单产的差异平均为4.6kg，差异最大的牧场差异为12.9kg，差异最小的牧场差异为1kg。所以在统计平均单产时明确计算方法有重要意义。

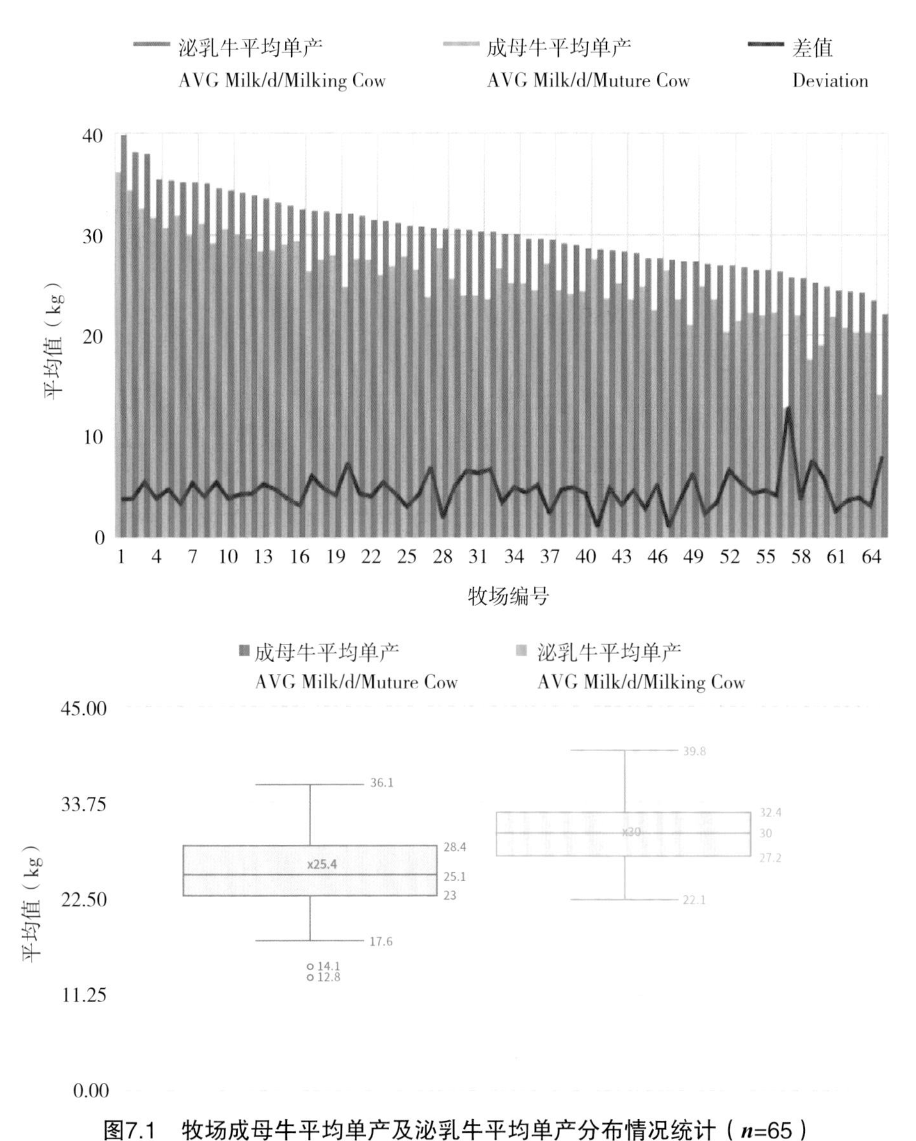

图7.1 牧场成母牛平均单产及泌乳牛平均单产分布情况统计（*n*=65）

Fig. 7.1 Statistics of average production of cow and milking cow in farms（*n*=65）

表7.1 牧场区域分布及平均单产表现（*n*=65）

Tab. 7.1 Regional distribution and average yield performance of farms（*n*=65）

区域	牧场数量（个）	泌乳牛平均单产（kg）	成母牛平均单产（kg）
宁夏回族自治区	21	31.6	28.0
新疆维吾尔自治区	15	27.6	21.5
黑龙江省	8	32.6	28.2
广东省	4	26.8	22.3
山东省	3	28.7	24.4
安徽省	3	30.0	23.9
北京市	3	27.0	22.6
陕西省	2	32.7	27.4
广西壮族自治区	2	27.4	24.5
内蒙古自治区	1	38.1	34.3
山西省	1	31.8	27.5
四川省	1	31.4	27.4
贵州省	1	25.6	21.9
总计	65	30.0	25.4

对不同胎次的泌乳牛单产进行统计（图7.2），结果可见头胎牛平均单产的平均值为28.4kg，最高为36.9kg，经产牛平均单产的平均值为30.7kg，最高值为42.1kg。经产牛平均单产比头胎牛平均单产高2.3kg，以最高值进行比较，经产牛平均单产最高的牧场比头胎牛平均单产最高的牧场单产高5.2kg。

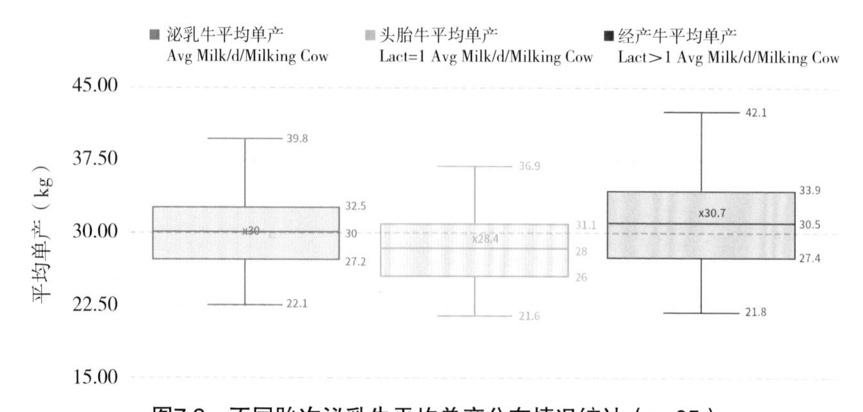

图7.2 不同胎次泌乳牛平均单产分布情况统计（*n*=65）

Fig. 7.2 Statistics of the average yield distribution of different lactation（*n*=65）

同时对当前平均成母牛泌乳天数与成母牛平均单产，以及当前泌乳牛平均泌乳天数与泌乳牛平均单产的关系绘制散点图（图7.3），结果可见，从牧场整体来看而言，当前平均泌乳天数与当前产量并无显著关联性，所以直接查看泌乳天数并不能直接推测牛群当前产量情况。

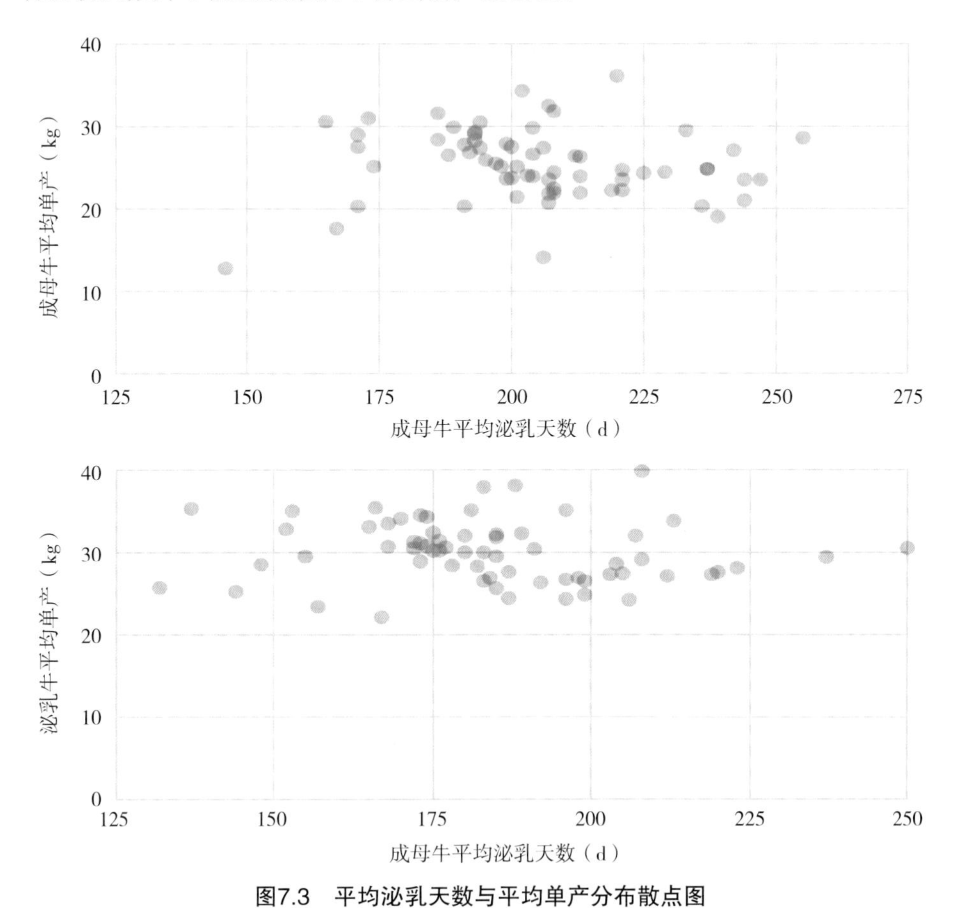

图7.3　平均泌乳天数与平均单产分布散点图

Fig. 7.3　Distribution scatter diagram of average lactation days and average yield

第二节　高峰泌乳天数

高峰泌乳天数，指对泌乳牛群按泌乳天数进行分组统计平均单产，统计其平均单产最高时的泌乳天数，即为牛群的高峰泌乳天数，根据奶牛泌乳生理规律，通常奶牛在产后40～100d可达其泌乳高峰期。排除掉历史产奶数据异常的牧场，对60个牧场进行高峰泌乳天数统计（图7.4），结果可见，高峰泌乳天数平均为69d，中位数为63d，50%最集中的牧场分布于49～84d；按胎次进行区分，头胎牛高峰泌乳天数平均为119d，中位数为91d，50%最集中牧场分布于70～126d，经产牛高峰泌乳天数平均为61d，中位数为56d，50%最集中牧场分布于49～70d。

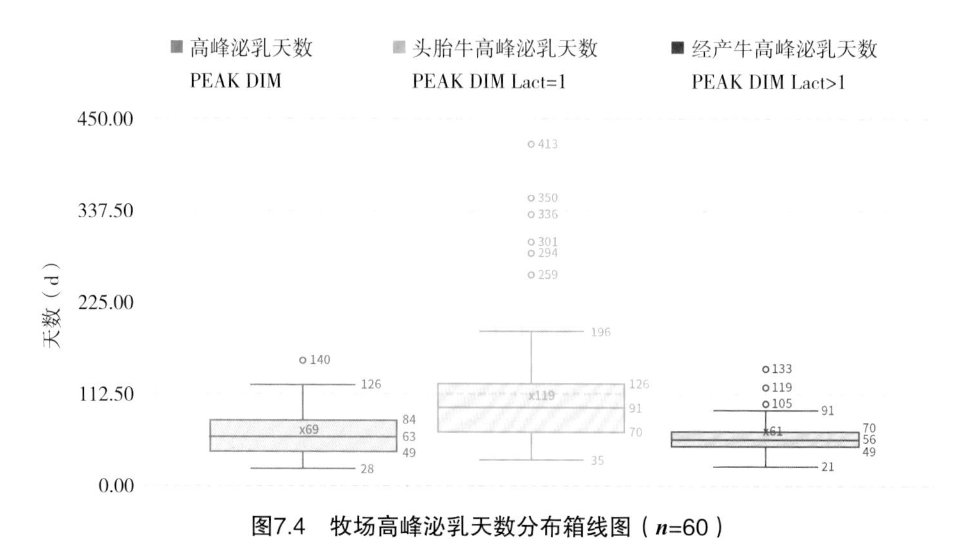

图7.4　牧场高峰泌乳天数分布箱线图（*n*=60）

Fig. 7.4　Distribution box plot of peak lactation days in farms（*n*=60）

第三节　高峰产量

排除掉历史产奶数据异常的牧场，对60个牧场进行高峰产量统计（图7.5），泌乳牛高峰产量的平均值为40.4kg，中位数为39.4kg，最高值为52.1kg，50%最密集的牧场高峰产量分布于36.6～43.8kg；按胎次进行区分，头胎牛高峰产量平均值为37.9kg，中位数为38kg，最高值为48.5kg；经产牛高峰产量平均值为43.6kg，中位数为44.1kg，最高值为54.6kg。在评估牧场高峰泌乳天数及高峰产量时，可参考一牧云统计指标进行参照比对。

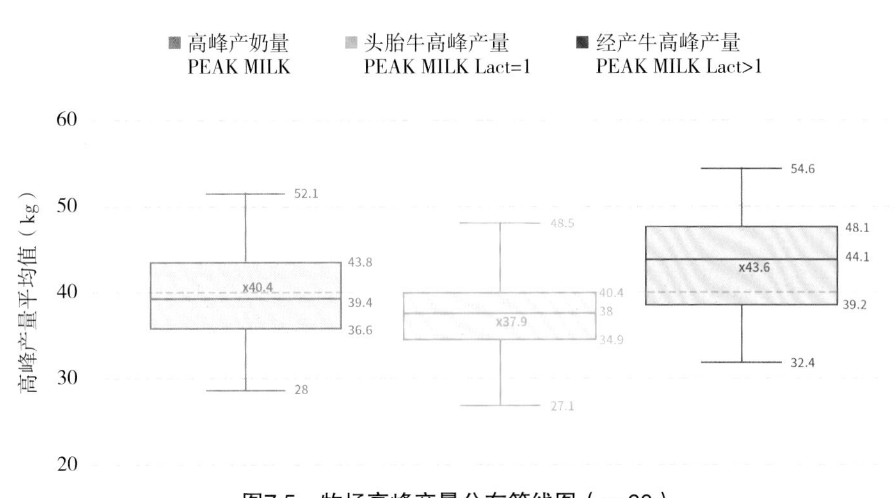

图7.5　牧场高峰产量分布箱线图（n=60）

Fig. 7.5　Box plot of peak milk distribution of farms（n=60）

第八章 结束语

如今数字化、网络化、智能化融合发展成为时代大潮，2016年中央一号文件指出，“大力推进‘互联网+’现代农业，应用物联网、云计算、大数据、移动互联等现代信息技术，推动农业全产业链改造升级。”2018年，习近平总书记在中共中央政治局第二次集体学习时强调，审时度势、精心谋划、超前布局、力争主动，实施国家大数据战略，加快建设数字中国。2019年中央一号文件提出，推广应用奶牛场物联网和智能化设施设备，提升奶牛养殖机械化、信息化、智能化水平。

随着新一代信息科技产业浪潮发展，生产能力、产业和商业模式将进一步重构。奶业要想快速持续健康发展，也离不开互联网和大数据的支持。基于此时代机遇，我们正在努力将基于互联网、物联网（IoT）、云计算、大数据与人工智能等新兴技术与奶业生产结合，推动数据在牧场实现精益管理、提高生产效率、提升可持续盈利能力等方面发挥重要作用。并基于我们积累的数据尝试建立我国奶牛生产评估标准和对标依据，助力我国奶业健康可持续发展。数字化、网络化、智能化的崛起，实现数字奶业、智慧奶业将是一个共建、共享、共创、共生、共赢的过程。

一牧云（YIMUCloud）基于“创新务实、合作共赢”的理念，联合奶牛产业技术体系北京市创新团队、《中国乳业》杂志社和兰州大学草业系统分析与社会发展研究所将基于“草地农业”信息维框架每年发布一版《中国规模化奶牛场关键生产性能现状（2020版）》，谨望能够助力我国奶牛养殖由经验型粗放管理到数字化高效管理的转变，促进高产、高效、优质、安全的可持续发展，为中国奶业可持续发展贡献绵薄之力。

该平台也已开始服务肉牛、奶山羊和肉羊等动物生产层家畜，并向饲草种植延伸和融合，最终将服务“草地农业”4个生产层，促进草地农业发展，优化我国农业结构，助力保障我国食物安全。

主要参考文献

班洪赟，王善高，班洪婷，等，2018. 世界奶业生产技术效率及其对中国的启示[J]. 农林经济管理学报，17（3）：334-342.

董晓霞，张玉梅，王东杰，等，2015. 中国奶业市场回顾及2020年展望[J]. 农业展望，11（5）：18-23.

付太银，2018. 澳大利亚奶业发展情况研究[J]. 中国乳业（6）：16-22.

耿宁，肖卫东，阚正超，等，2018. 中美奶业生产成本与收益比较分析[J]. 农业展望，14（11）：63-71.

韩磊，刘长全，2019. 中国奶业经济发展趋势、挑战与政策建议[J]. 中国畜牧杂志，55（1）：151-156.

胡冰川，2019. 2018年中国奶业发展与2019年展望[J]. 农业展望，15（3）：32-36.

黄季焜，杨军，仇焕广，2012. 我国主要农产品供需总量和结构平衡研究[R]. 中国科学院农业政策研究中心.

李胜利，刘长全，夏建民，等，2019. 2018年我国奶业形势回顾与展望[J]. 中国畜牧杂志，55（3）：129-132.

梁毅，吕春芳，2013. 奶牛流产的防治技术[J]. 中国畜牧兽医文摘（2）：151-151.

凌薇，2018. 新西兰奶业发展的模式与启示[J]. 农经（12）：86-89.

刘玉芝，李敏，李德林，等，2009. 正确解读和应用DHI数据，提高牛群科学管理水平[C]. 中国奶业协会年会论文集2009（上册）. 中国奶业协会：中国奶牛编辑部.

刘长全，韩磊，张元红，2018. 中国奶业竞争力国际比较及发展思路[J]. 中国农村经济（7）：130-144.

刘仲奎，2013. 规模化牧场泌乳奶牛群生产效益的五个评价体系[J]. 今日畜牧兽医：奶牛（5）：54-57.

马莹，相慧，2019. 2018年国际乳制品生产形势及进口乳制品对国内市场的影响[J]. 中国畜牧杂志，55（6）：155-159.

马有祥，2017. 推进供给侧结构性改革　加快畜牧业转型升级[J]. 中国畜牧兽医文摘，33（10）：1-2.

马有祥，2018. 中国畜牧业未来的发展趋势[J]. 兽医导刊（21）：6-7.

农业农村部畜牧业司奶业管理办公室，中国奶业协会，2019. 2018中国奶业统计摘要[J]. 中国奶牛（2）：24.

乔光华，裴杰，2019. 世界主要奶业生产国与我国奶业发展对比研究[J]. 中国乳品工业，47（3）：41-46.

任继周，侯扶江，1999. 改变传统粮食观，试行食物当量[J]. 草业学报（S1）：3-5.

任继周，林惠龙，侯向阳，2007. 发展草地农业　确保中国食物安全[J]. 中国农业科学（3）：614-621.

任继周，马志愤，梁天刚，等，2017. 构建草地农业智库系统，助力中国农业结构转型[J]. 草业学报，26（3）：191-198.

任继周，南志标，林慧龙，2005. 以食物系统保证食物（含粮食）安全——实行草地农业，全面发展食物系统生产潜力[J]. 草业学报（3）：1-10.

任继周，2013. 我国传统农业结构不改变不行了——粮食九连增后的隐忧[J]. 草业学报（3）：1-5.

宋亮，2019. 十年来中国奶业的变化和发展[J]. 中国乳业（3）：2-7.

苏晓美，徐华，2018. 多举措加快奶业全面振兴[J]. 中国畜牧业（18）：47.

孙卓为，2019. 我国奶业规范与美欧国家差异分析[J]. 黑龙江科学，10（4）：160-161.

王东杰，董晓霞，张永恩，2017. 2016年中国奶业市场分析与2017年展望[J]. 农业展望，13（2）：13-16.

王加启，2019. 优质乳工程技术体系核心指标研究[J]. 中国乳业（6）：2-6.

王艺，[2018-01-22]. 不会数学统计没关系——5分钟教你轻松掌握箱线图　图表家族[J/OL]. 搜狐. http：//www.sohu.com/a/218322591_416207.

夏青，2019. 崛起的中国奶业[J]. 农经（6）：18-26.

杨敦启，夏建民，2019. 奶牛“金钥匙”成效斐然[J]. 中国畜牧业（3）：24-25.

杨敦启，夏建民，2019. 中国奶业竞争力提升行动的实践与思考[J]. 中国畜牧业（3）：16-17.

杨钰莹，王明利，2019. 中国奶业国际贸易竞争力及其影响因素分析[J]. 价格理论与实践（1）：1-3.

佚名，2018. 聚焦“智慧奶业”智能科技引领奶业升级[J]. 农业工程技术，38（15）：22-25.

于康震，2017. 粮改饲是推进农业供给侧结构性改革的重要举措[J]. 农村工作通讯（9）：5-8.

张超，2019. 未来10年世界奶业供需形势分析[J]. 中国乳业（9）：16-18.

张院萍，刘源，2018. 我国加快推进奶业振兴[J]. 中国畜牧业（13）：18-19.

赵春江，2019. 智慧农业发展现状及战略目标研究[J]. 智慧农业，1（1）：1-7.

中国奶业协会，2019. 中国奶业年鉴（2017卷）[J]. 中国奶牛（5）：32.

周丹，2019-01-09. 规模化标准化全面推进奶业振兴[N]. 中国城乡金融报（B03）.

Donald E Sanders，2000. Milk them for all their worth[M]. Vaca Resources.

Olynk N J，Wolf C A，2008. Economic Analysis of Reproductive Management Strategies on US Commercial Dairy Farms[J]. Journal of Dairy Science，91（10）：4 082-4 091.

附录

箱线图说明

箱线图也称箱须图、箱形图、盒图，用于反映一组或多组连续型定量数据分布的中心位置和散布范围。箱形图包含数学统计量，不仅能够分析不同类别数据各层次水平差异，还能揭示数据间离散程度、异常值、分布差异等等。

箱线图可以用来反映一组或多组连续型定量数据分布的中心位置和散布范围，因形状如箱子而得名。1977年，美国著名数学家John W. Tukey首先在他的著作《*Exploratory Data Analysis*》中介绍了箱形图。

在箱线图中，箱子的中间有一条线，代表了数据的中位数。箱子的上下底，分别是数据的上四分位数（Q3）和下四分位数（Q1），这意味着箱体包含了50%的数据。因此，箱子的高度在一定程度上反映了数据的波动程度。上下边缘则代表了该组数据的最大值和最小值。有时候箱子外部会有一些点，可以理解为数据中的“异常值”。

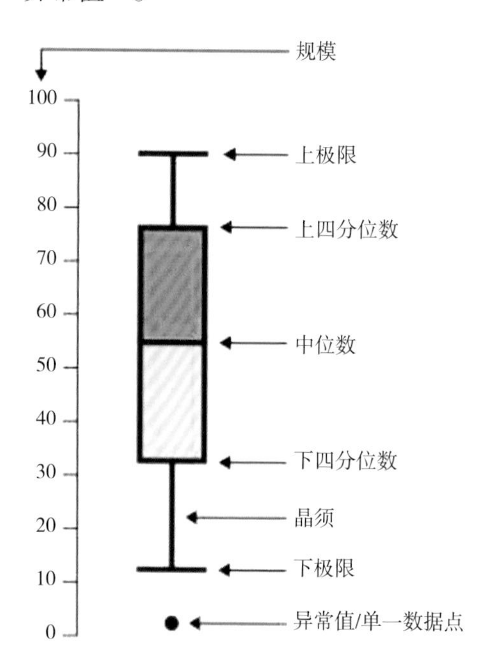

四分位数

一组数据按照从小到大顺序排列后，把该组数据四等分的数，称为四分位数。第一四分位数（Q1）、第二四分位数（Q2，也叫“中位数”）和第三四分位数（Q3）分别等于该样本中所有数值由小到大排列后第25%、第50%和第75%的数字。第三四分位数与第一四分位数的差距又称四分位距（interquartile range，IQR）。

偏态

与正态分布相对，指的是非对称分布的偏斜状态。在统计学上，众数和平均数之差可作为分配偏态的指标之一：如平均数大于众数，称为正偏态（或右偏态）；相反，则称为负偏态（或左偏态）。

箱线图包含的元素虽然有点复杂，但也正因为如此，它拥有许多独特的功能。

1. 直观明了地识别数据批中的异常值

箱形图可以用来观察数据整体的分布情况，利用中位数、25%分位数、75%分位数、上边界、下边界等统计量来描述数据的整体分布情况。通过计算这些统计量，生成一个箱体图，箱体包含了大部分的正常数据，而在箱体上边界和下边界之外的，就是异常数据。

2. 判断数据的偏态和尾重

对于标准正态分布的大样本，中位数位于上下四分位数的中央，箱形图的方盒关于中位线对称。中位数越偏离上下四分位数的中心位置，分布偏态性越强。异常值集中在较大值一侧，则分布呈现右偏态；异常值集中在较小值一侧，则分布呈现左偏态。

3. 比较多批数据的形状

箱子的上下限，分别是数据的上四分位数和下四分位数。这意味着箱子包含了50%的数据。因此，箱子的宽度在一定程度上反映了数据的波动程度。箱体越扁说明数据越集中，端线（也就是“须”）越短说明数据越集中。凭借着这些“独门绝技”，箱线图在使用场景上也很不一般，最常见的是用于质量管理、人事测评、探索性数据分析等统计分析活动。

致　谢

谨此向所有支持和关心一牧云发展的客户、行业领导、顾问和合作伙伴及相关人士表示衷心的感谢！今天所取得的成绩是我们共同努力的成果，没有你们的大力支持也就没有这本《中国规模化奶牛场关键生产性能现状（2020版）》的成功出版。